衣装事典

[日] 山北笃 著　[日] 池田正辉 绘　青青 译

台海出版社

前言

人物所穿的服装能够体现世界观和所处地域的文化与文明。

比如，如果农民普遍穿着破烂，那这个社会一定是贫穷和压抑的。同理，如果贵族穿着奢华，那这显然是剥削农民的体现。相反，若是连贫民都衣着整洁，那这一定是个资源富足、生活富裕的社会。

当然，理论上来说，即便是家境富裕、衣着华丽的人，也可能需要承受精神与社会的双重压力。最好的例子就是：人们生活在一个看似丰富的未来世界，实际却被计算机统治着，没有自由。

但一般来说，财富与生活的富足和自由程度成正比。备受压迫的平民常常没有钱，也没有像样的衣服。

此外，服装也可以体现文化背景，身穿近代早期贵族服装的人多为贵族（角色扮演除外），或是思考方式近似于贵族的统治阶级。

本书是一部关于欧洲、日本服装的百科全书，当中涵盖了对西式、日式幻想场景设计以及人物设定十分有用的知识。

在我出版的系列书籍中，我一直提到幻想作品都是虚构的，所以在创作时不需要考虑这个幻想的人物或事物是否符合现实的要求。但是，我也认为读者需要有代入感。增强幻想作品代入感最有效的方法是：根据作品设定的需求，在现实的基础上加入虚构元素。如果不考虑现实而随意创作，最终作品可能会出现与设定背景、逻辑相违背的问题。

我希望本书能在“为创作添加真实性”这一方面帮助到你。

山北笃

本书概要

幻想系的服装始于近代早期

说到幻想，我们总是很容易把它和中世纪欧洲联系到一起，但并非绝对如此。

尤其是登场角色的服装和生活，一般会参考较近时代的元素，例如近代早期或近代的欧洲。

另外，最近以日系幻想和日本（或类似日本的世界）为舞台的作品很多，采用日本和服这一元素的作品也随处可见。

因此，本书从中世纪末期到现代西方和日本的服装演变历史中，挑选并总结了有助于人物设计，以及能为剧情和台词带来启发的华贵服装与普通职业的服装。

本书按照时间顺序对西方服饰进行了分类。第 1 章介绍了从中世纪末期到苏格兰绝对王政时期，贵族在最奢华、富裕时代的流行服饰。第 2 章讲述了从革命时期到帝国时期，欧洲试图称霸世界时所流行的服饰。许多故事都喜欢以这两个时期为背景，角色的穿着也大多参考了这两个时期的元素。

相较于流行服饰，日本的贵族们会把他们的传统服装放在首位，这并不会随着时间的流逝而改变。于是，设定第 3 章为日本贵族服饰，第 4 章为日本武士服饰，第 5 章为日本平民服饰。

在第 6 章中，我们主要介绍的是日本大正浪漫时代的服饰。因为在这个时代和服与洋装混杂在一起，是一个比现代的服装款式、搭配更多样化的时代。

全书中，西洋服饰占用两个章节，日系服饰占用四个章节，但前两个章节篇幅较长，所以总体来说，西洋和日本的篇幅几乎各占一半。

向休闲化发展的服装

服装的历史和人类的历史一样长。在漫长的历史中，我们发现了一些规律，那就是：休闲化的法则、内衣转变为外衣的法则，还有浮动法则。

休闲化的法则

当今社会，服装变得越来越休闲。过去的日常服装将成为新时代的正装。

例如，现在作为公共服装代表的西装，最初被称为西装便服，用作居家服、睡衣和私人外出服。不便理解的话，可以把它想象成现在的 T 恤，现代人一般不会穿着 T 恤去公司上班或者参加婚礼。而那时候的西装便服就和现在的 T 恤一样，都是休闲装。

随着时代的变迁，这类休闲服可以在严肃的场合穿着，最后被认可是正式场合下穿的服装。

内衣转变为外衣的法则

在服装的发展历史中，内衣转变为外衣的情况时有发生。当然，它不能在正式场合穿着，但在日常穿着是没有问题的。而且随着时代的变迁，这种衣服曾经作为内衣的事实也会被遗忘，甚至有可能成为正装。

例如，现代女性的吊带衫是一件可以正常穿出门的衣服，但原本它是内衣，而现在每个人都能把吊带衫当作外衣穿搭。

近代早期也出现过类似的情况。衬裙原本只作为裙子的底衬使用，但不知从何时起，掀起裙子展示衬裙成了时尚的穿着方式。

就这样，内衣逐渐演变成了外衣的一种。

浮动法则

服装并不会只朝着一个方向发展，流行趋势时有浮动，有时会朝着相反的方向发展。在中世纪末期，会流行既夸张又遮掩身体的严肃服装。

但即使有这样的浮动，随着时代的发展，服装的休闲化却并没有什么改变。时尚的本质就是起伏不定，逐渐变得休闲。

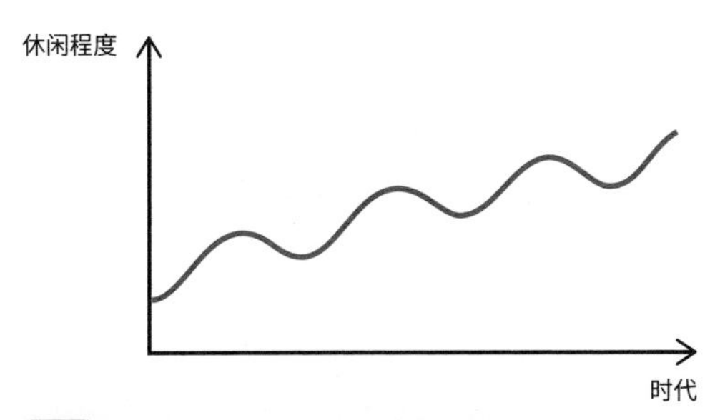

图1 服装休闲化的进程随着时代发展而变化

服装术语，语言缩写标识

为了便于阅读本书，在此列举了一些基本的服饰术语。

◉ 无袖：完全没有袖子的衣服。

◉ 短袖：袖子的长度在上臂中部到肘部上方的衣服。

◉ 七分袖：袖子长度到下臂中部左右的衣服。

◉ 长袖：袖子长度到手腕的衣服。

◉ 超短裤 : 像热裤一样，几乎没有下摆的裤子。

◉ 短裤 : 下摆长度到大腿中部的裤子。

◉ 七分裤 : 下摆长度到小腿中部的裤子。

◉ 长裤 : 下摆长度到脚踝的裤子。

◉ 开襟 : 衬衫或外套，前面敞开，用纽扣或绳子等系住。

◉ 前开式 : 衬衫或外套，通常前面是敞开的。

◉ 衣长 : 从后颈点到衣服底部的长度。

◉ 前身 : 身体前面的布料。

◉ 后身：身体后面的布料。

◉ 共布 : 用同一块布做多件衣服，就像西装一样。如果使用的是不同的布料，就叫别布。

◉ 贯头衣：一种简单的衣服，布在伸出头的地方开洞。像丘尼卡一样在腋下缝合做成袖子，或像斗篷一样只留出伸头的领口，都算是贯头衣。

每种语言的缩写如下 :

◉ 德 : 德语

◉ 西 : 西班牙语

◉ 法 : 法语

◉ 罗 : 拉丁文

◉ 意 : 意大利语

◉ 葡萄 : 葡萄牙语

目录

第1章 近代早期的欧洲
骑士和公主的时代

第2章 近代欧洲

法兰西第一帝国时代至维多利亚时代

第3章 日本宫廷贵族

平安时代至明治时代

第4章 日本武士家族

镰仓时代至幕末时代

第5章 日本的平民

战国时代至幕末时代

第6章 近代日本

大正时代至战前时代

第1章

近代早期的欧洲

骑士和公主的时代

近代早期欧洲的时尚

The fashion of premodern Europe

近代早期时尚的变化

从中世纪末的文艺复兴到法国君主专制，15 世纪至 18 世纪是服装的活动性和奢华性互相博弈的时代。继爱好舒适的服装时代之后，难以行动、奢华浮夸的服装时代来临。

虽然出现了短暂的倒退，但人们对服饰的需求整体在朝着舒适、便捷的方向发展。

文艺复兴时期(15世纪末至16世纪初)

文艺复兴意味着“重生”或者“复活”。这是中世纪的最后一个时代，宗教色彩逐渐被淡化，被压抑的文学艺术与科学技术蓬勃发展。中世纪在战场上用于辨别身份的纹章也开始被用于城楼和首饰上当装饰品使用。

人们变得更加活跃，并开始喜欢舒适宽松、易于行动的衣服，而不是紧身、行动不便的服饰。

巴洛克时代(16世纪末至17世纪初)

巴洛克意为“奇妙的”或者“奇怪的”。气势恢宏、生机勃勃的艺术和时尚潮流是这个时代的特征。

早期的巴洛克人喜欢精致而舒适的服饰，华丽且易于行动的骑士服正是早期巴洛克的杰作。大仲马的《三个火枪手》以巴洛克后期为故事舞台，但书中插图描绘的服装大部分是巴洛克初期或洛可可时代的风格。

巴洛克后期的服装和配饰设计夸张而沉重，穿上后让人难以行动，并不适合穿在演员身上。

洛可可时代(17世纪末至18世纪中叶)

洛可可是法语“Rocaille”的音译，指用贝壳和岩石做的装饰物，也用于讽刺当时上流女性在着装上的过度装饰。

在洛可可时代，不仅是贵族，富裕的公民阶级也开始崛起，他们开设沙龙，注重沙龙中的举止教养，在穿着上也尽可能让自己在沙龙中脱颖而出。尤其是女性的着装，已然成为沙龙的靓丽装饰品，因此完全不会考虑行动的便利性。

漫画《凡尔赛玫瑰》就是以洛可可鼎盛时期为舞台的代表性作品。

一成不变的农民生活和大幅增加的城市居民

就这样，近代贵族的生活变得极尽奢华。但农民的穿着和生活水平与中世纪相比，并没有太大变化。

当然，随着 18 世纪英国农业革命的兴起，农业生产力提高，农民的重担得到减轻，“通过增加农民的人口比重来保证粮食供应”的状况也得到缓解。因此，城市居民的人口数量逐渐增加。

到了近代早期，城市得到繁荣发展。虽然中世纪也存在城市，但大多只有几万人口，相当于现在的乡镇水平。居民的职业种类也十分有限。

然而，近代早期的城市成了能包容数十万到上百万人口的巨型城市。就像现代一样，城市居民开始从事各式各样的工作。

在绘画中看到的时尚

自文艺复兴以来，肖像画和风俗画的需求增加，因此有许多画作可以作为这个时代时尚的参考。只是，在参考时，需要注意下列事项。

宗教画作不具有参考价值，因为这都是当时人们想象过去的时代而描绘的，模糊了时代的特征。

可供参考的是情景画和肖像画。特别是那些日常情景中的人物，穿着日常服装的可能性很高。用肖像画的服饰作为参考是没问题的，但是不要忘记肖像画上通常都是穿着最高级的服装。

002

近代早期欧洲服装的情况

The fashion of premodern Europe

衣服的材质

近代早期的欧洲，衣服是用羊毛、麻、亚麻、棉花、丝绸、毛皮和鞣革等制成的。

羊毛通常指绵羊毛，但其他羊（如山羊）的毛也会被用来制成羊毛。在近代早期的欧洲，羊毛是制作各种服装时会用到的基本纤维材料，甚至包括内衣。

麻是指从亚麻中提取的纤维。因为麻的种植范围很广，无论寒冷还是炎热的地方都能生长，所以世界各地都将它作为纤维原料进行栽培。麻透气性好，手感舒适，所以适合用来制作炎热天气时穿的衣服。但可惜的是，麻的纤维不够柔软，不适合做与皮肤接触的内衣。不过在欧洲，因丝绸和棉花价格昂贵，麻也会用于制作内衣。

亚麻是生长在相对寒冷地区的植物。亚麻耐用且手感舒适，常被用于制作床单。正因如此，连非亚麻材质的床单也被误认为是亚麻制成的。亚麻和麻一样，透气性好，手感舒适，虽然质地较硬（比麻柔软一些），但在欧洲也用于制作内衣。

棉花是锦葵科棉属植物的种子纤维，产于亚热带，因此欧洲很少种植。在中世纪欧洲，棉花是阿拉伯商人带来的珍贵面料，所以只有贵族能穿上舒适的棉质内衣。但是在16世纪，随着地理大发现时代的到来，棉织品可以从印度进口，一般人在一定程度上也能买得起棉花了。到了18世纪，受益于工业革命，棉织品被大量制造，棉花迅速成为大众纤维。

丝绸是从蚕茧中提取的纤维，自古以来就被认为是高级面料。在古代，只在东方生产。因其稀少而珍贵，会特意运往欧洲，这条运输路线被称为“丝绸之路”。在中世纪的欧洲，直到12世纪才开始生产丝绸，但其质量远不及中国。因此，进口丝织品仍然十分昂贵。

衣服的处理

在近代早期的欧洲，衣服的处理和现代截然不同。这是因为没有现成的衣服，所有衣服都是由裁缝从布料开始做成的，成衣只有二手衣服，因此衣服基本上都很昂贵。除了富有的贵族之外，一般农民只有一套便服和一套华服。内衣通常也只有一件，或者是没有。当时没有睡衣，所以人们要么穿着衣服睡觉，要么裸睡。

普通农民通常会购买贵族穿旧丢掉的衣服来穿，而制作新衣服是为了在盛大的场合穿着。但在欧洲周末去教堂也会穿华服，这远比日本穿华服的频率要高。

衣服的管理也和现代大不相同。人们尽量不洗衣服，怕损害面料，甚至有夏天一周洗一次，冬天两周洗一次的记录，但这被认为是比较频繁的洗涤次数了。

表1 农民的便服

衣服	解说
衬衫	前开式上衣。长度到腰部下方，能遮盖胯裆
丘尼卡	代替衬衫的上衣，是贯头衣
衬袄	在丘尼卡上穿的无袖上衣
裤子	长度到脚踝附近的长裤
股引	冬天穿在裤子下
内裤	用绳子固定的四角裤，大部分人没有
睡衣	只有神职人员才有，一般农民会裸睡

003

文艺复兴时期的贵族男性

都铎帽

Tudor cap

在富裕的王朝——都铎王朝时期流行的帽子，在羊毛帽上用贵重的鸟羽毛和细腻的刺绣等装饰帽子。

达布里特

Doublet

这也被称为普尔波万（法Pourpoint），是从颈部覆盖到臀部的开襟长袖衬衫，通常有绗缝[1]。原本是穿在铠甲下的，因此很合身。到了14世纪以后，成了贵族和平民都会穿着的衣服。后期，也出现了没有绗缝的款式，同时，为了更显威严，还有装满填充物的款式，让人显得大腹便便。

夏马赫

法Chamarre

穿在达布里特外面的无袖前开式上衣，主要为了突出肩宽。还有使用毛皮和羽毛等装饰的豪华款式。

切口

Slash

达布里特等上衣上的切口。最初只能从切口看到内衣，但后来流行从切口处把内衣布料拉出来。因为每次都将布料拉出来很麻烦，所以制作了将上衣布料弄成双层，从上层布料的切口拉出下层布料的衣服。

马裤

法Haut-de-chausses

用填充物使之鼓起的短裤。其中英国的马裤特别大，以至于不得不将议会的椅子换成更大的。

长筒袜

法Bas-de-chausses

贴合腿部的长袜，从大腿一直覆盖到脚。就像现在的长筒袜，在当时特别流行丝绸材质的。

时代

16世纪

地域

从意大利到整个欧洲

现代人看文艺复兴时期的贵族服装会觉得很奇异，适合让搞笑或讨厌的角色穿着。

1. 绗缝（Quilting）：在布料夹层里放入棉花后进行缝制，厚实又保温。

奢华富裕的贵族们

在幻想作品中，生活在奢华城堡的富有国王和贵族们，大多以近代早期欧洲的王公贵族为原型。贵族们很富有，所以每个时代都会紧跟潮流，穿着流行的服饰。因此，统一国家和种族等群体的服装，就能体现出一致性。

文艺复兴时期的服装，最主要的特色是穿紧身裤袜（紧身袜一样的裤子）。它可以分为 Bas-de-chausses（长筒袜）和 Haut-de-chausses（马裤）。上衣一般是达布里特。

此外，特意在布料上做出切口装饰也是其鲜明的特征。这种装饰的设计理念来源于战士服装的破洞，类似于现代的破洞牛仔裤，是在雇佣兵当中兴起的时尚。特意在衣服布料上做出切口，以便露出下层布料。有时还会将下层布料从切口中拉出来展示，因此会将内衬做得宽松点。

这个时期，人们开始喜欢一种叫作拉夫领（图 2）的假领子。因为当时不怎么换衣服，所以会用它来替换容易弄脏的领子，但很快就被当成装饰使用了。不过文艺复兴时期的拉夫领不如后世那么华丽。

贵族的服装比起中世纪更便于活动，但元首的礼服（图 3），更重视威严。

在拖地的红色斗篷下，穿着相同长度，名为“索塔纳”的同色里衣，显得威严十足。在斗篷外面披上长度到胸口，由白鼬皮做成的大领子。与衣服同色的帽子上带有金色的装饰。

图 2 文艺复兴时期的拉夫领

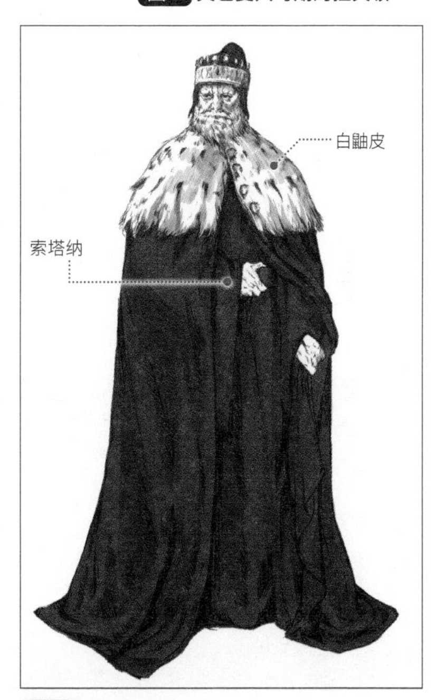

图 3 威尼斯元首礼服

004

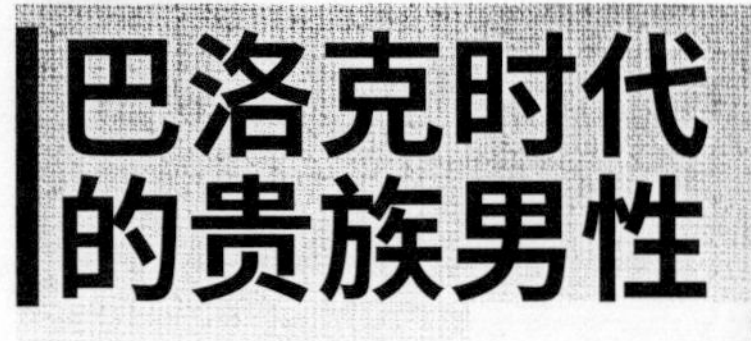

巴洛克时代的贵族男性

拉夫领
Ruff

用蕾丝等布做成的宽领子，在日本称为襞襟。原本是防止衣领弄脏的实用品，后来变成大而精巧的装饰物。大的拉夫领，可以用 10 米长的布折叠而成。

达布里特
Doublet

巴洛克时代和文艺复兴时期一样，带有切口的达布里特很普遍。骑士脱下盔甲后，会穿上达布里特。

马裤
Breeches

长度从腰部到膝盖下方（偶尔会有到脚踝的款式），裤腿收紧，方便穿上紧身裤袜和靴子。需要注意的是，它不像现在的低腰牛仔裤或是低腰短裤[1]，裤腰为高腰设计，所以将马裤画成低腰其实是错误的。

靴子
Boots

搭配及膝马裤的靴子开始流行起来。其中翻折靴子顶部或加入装饰的华丽款式备受喜爱。在此之前，宫廷内是不允许穿着长靴的（长靴是军用的），但是到了这个时代就不成问题了。

时代

16～17 世纪

地域

从法国到全欧洲

巴洛克时期的贵族男性服装，一般都显得很有威严。因此，适合给有威严的人或是高贵又讨嫌的人穿着。

1. 低腰裤：也称为“胯裤”。裤子的腰带不在腰部，而是在骨盆附近。

有点扭曲的巴洛克式服装

16 世纪末至 17 世纪，迎来了巴洛克时代。巴洛克服装的特点是拉夫领变得又大又华丽。甚至有的拉夫领（图 4）会紧紧地贴在下巴下面，让人觉得脖子不能转动。因此，带来了些反作用。简洁的假领子（图 5）逐渐取代拉夫领。使用花边的假领子保留了原本防止污渍的作用。

另外，下半身穿马裤（长度到膝盖下方的裤子）的人也变多了，但设计不像文艺复兴时期那么怪异。

达布里特是一款长袖上衣，其历史可以追溯到文艺复兴时期，到了这个时代，很少有添加绗缝的款式了。这是因为人们不再穿着厚实的金属铠甲，无须再用绗缝保护身体不受金属的伤害。达布里特作为日常穿着的衣服，线条变得更加流畅。

从巴洛克初期开始，黑色服装受到喜爱。在此之前，通常不会选择黑色的衣服。一方面是因为很难染成漂亮的黑色，另一方面是人们认为黑色过于朴素。

然而，随着新教在基督教中的地位越来越高，黑色和暗色被认为是符合道德的，逐渐受到青睐。

图 4 大而华丽的拉夫领

图 5 带花边的假领子

005

洛可可时代的贵族男性

领结

法Cravate

缠绕在脖子周围的布，是领带的前身。洛可可时代流行花边领结。花边很早之前就有了，但是到了17世纪后半期，才广泛用于装饰。

外套

Coat

及膝外套，也被称为究斯特科尔（法 Justaucorps），是现代西装外套的前身。后来被称为礼服（法 Habit）。袖子上有很大的折边，下摆塞入了填充物以便能敞开。

马甲

Vest

无袖马甲，穿在外套里面，省略了背部的装饰，只有正面有装饰。

紧身裤袜

Hose

这个时代的贵族，几乎每个人都会穿紧身裤袜（白色丝绸长筒袜）。因此，裤子不像现代那么长，基本上都是从短裤到七分裤的类型。

时代

17～18世纪

地域

从法国到全欧洲

洛可可时代的服装，非常优雅，十分接近现代服装。以现代为舞台的作品，有时会让高贵的角色穿着。

现代仍然适用的时尚

准确来说，进入 18 世纪后才是洛可可时代，但洛可可时代流行的时尚却起源于 17 世纪末。其特点是出现了相当于现代西装前身的服装，而中世纪夸张又怪异的时尚已不见踪影。上个时代的拉夫领和切口已经过时，取而代之的是优雅且实用的服装。

这个时代的**外套**和**马甲**是现代西装的前身，但是像现代一样，长度到脚边的裤子还没有被制作出来，下半身依然流行穿马裤。

外套除了有像主插图一样简单的设计之外，还有很多带花边装饰的华丽设计。

最初被称为 Waistcoat 的**马甲**是长袖的。但是后来因为穿在外套里面，所以只在正面有装饰，并变成了无袖的，与现代的西装马甲相似。这种无袖且只在正面有装饰的马甲被称为 Gilet（法）。不过，当时的马甲也有像主插图一样盖住腰部的款式。当然，像现代一样只到腰部的款式（图 6）也存在。

由于上个时代的拉夫领已经过时了，所以这个时代，不管是外套还是马甲都没有领子。因此，脖子上要是没有领结的话，就看上去很不协调。

17 世纪，出现过外套没有袖子，马甲有袖子的装扮。但是到了洛可可时代，确立了外套有袖子，马甲没有袖子的装扮。

图 7 是尚未到洛可可时代，仍然受到巴洛克时代影响的服装。虽然已经开始使用外套了，但是依旧穿着像短裤一样，下摆较短且带有装饰的马裤。

动漫《银河英雄传说》等科幻作品中的贵族服装也会参考洛可可时代的风格。

图 6 洛可可时期的外套和马甲

图 7 洛可可和巴洛克过渡期的服装

006

文艺复兴时期的贵族女性

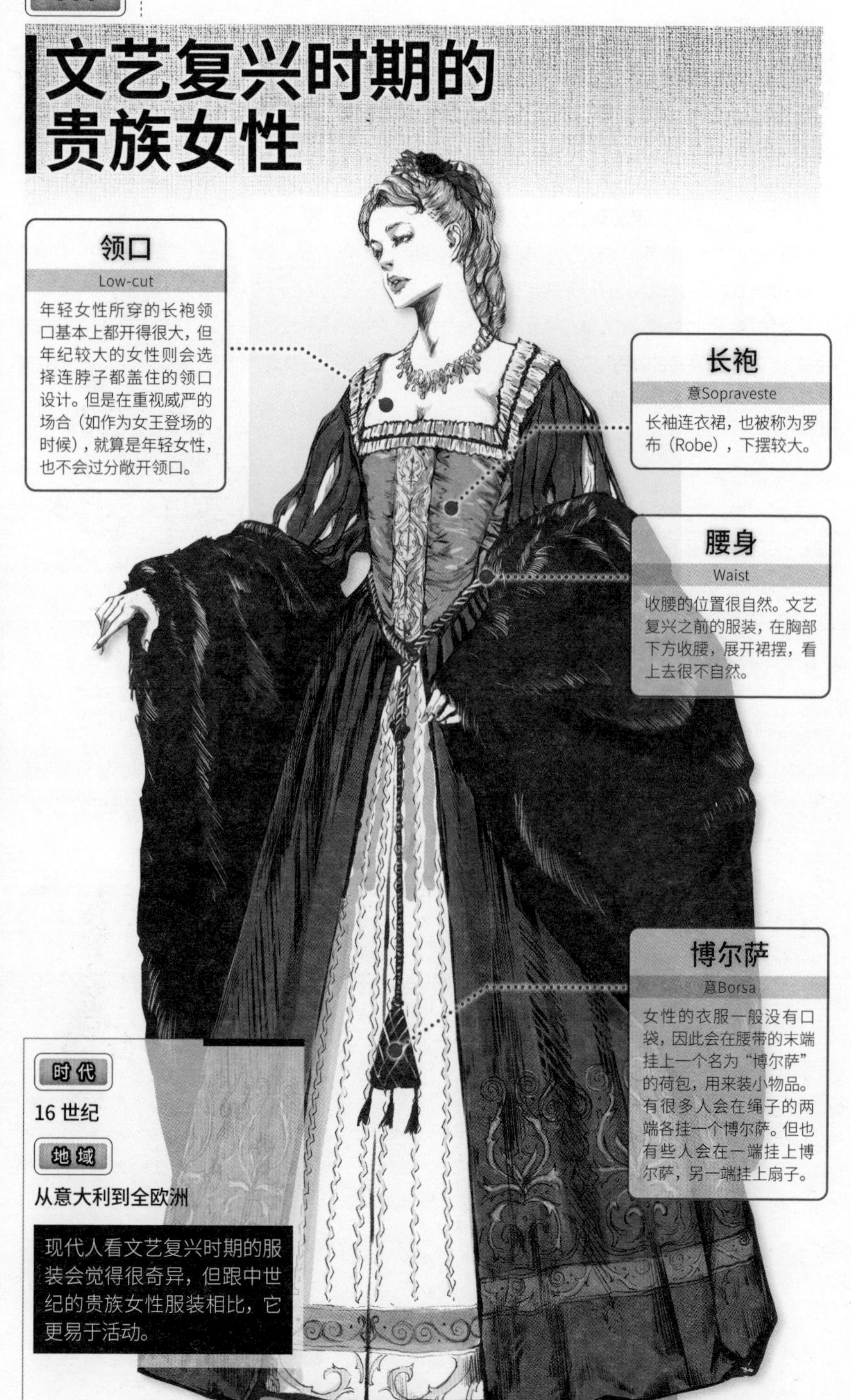

领口

Low-cut

年轻女性所穿的长袍领口基本上都开得很大，但年纪较大的女性则会选择连脖子都盖住的领口设计。但是在重视威严的场合（如作为女王登场的时候），就算是年轻女性，也不会过分敞开领口。

长袍

意Sopraveste

长袖连衣裙，也被称为罗布（Robe），下摆较大。

腰身

Waist

收腰的位置很自然。文艺复兴之前的服装，在胸部下方收腰，展开裙摆，看上去很不自然。

博尔萨

意Borsa

女性的衣服一般没有口袋，因此会在腰带的末端挂上一个名为“博尔萨”的荷包，用来装小物品。有很多人会在绳子的两端各挂一个博尔萨。但也有些人会在一端挂上博尔萨，另一端挂上扇子。

时代

16 世纪

地域

从意大利到全欧洲

现代人看文艺复兴时期的服装会觉得很奇异，但跟中世纪的贵族女性服装相比，它更易于活动。

华丽但便于活动的裙子

虽然文艺复兴是14~16世纪在意大利兴起的文化运动，但也给时尚带来了很大的影响。比起中世纪，女性的服装更便于活动，裙摆缩短，挨着地面（之前一直是拖地的）。

裙子的形状靠里面穿着的**衬裙**[1]调整。在意大利和西班牙，大多数都是像主插图一样的圆锥形衬裙 [图 8(c)]，但在英国会使用轮胎形腰垫 [图 8(b)] 形成鼓形的裙子 [图 8(a)]。

拉夫领在16世纪下半叶开始流行，不仅男性，很多贵族女性都会佩戴。但是年轻女性喜欢穿领口敞开的裙子，所以她们选择用假领子（图9）来取代拉夫领。然而，年长的女性还是会佩戴不裸露肌肤，连颈部都能遮住的拉夫领（图10）。

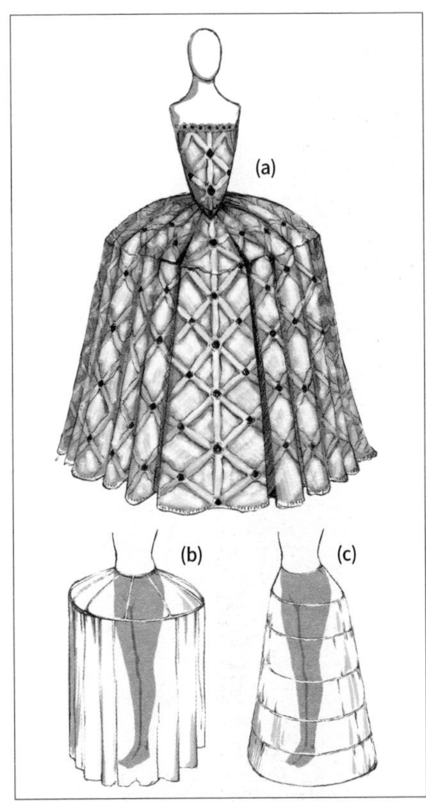

图8 鼓形的裙子和衬裙

图9 女性的假领子

图10 女性的拉夫领

1. 衬裙（Petticoat）：在裙子里面穿的内衣，每个时代的材料、构成和用途都不同。文艺复兴时期的衬裙，也被称为Farthingale。用鲸鱼骨等做成框架，让裙子蓬松鼓起。为了让衬裙更顺滑，倾向于使用丝绸材质。

巴洛克时代的贵族女性

花边领
Detachable collar

拉夫领已经过时，女性的服装会敞开领口，佩戴花边领。

紧身胸衣
Bodice

类似于现代T恤的女性服装，袖子长短不一。从颈部覆盖到腰部，没有领子。穿着领口敞开的罗布时，有时会使用裸露胸部的紧身胸衣。

三角胸衣
法Pièce d' estomac

这也被称为Stomacher。穿着前开式罗布时，因能看到里面的紧身胸衣，所以会在前面穿戴装饰用的三角胸衣。这不是衣服的一部分，而是如下图所示，是装饰用的三角形布料。

罗布
Robe

像连衣裙一样把上衣和裙子连在一起的衣服，在这个时代被称为罗布。大部分都是短袖和七分袖，样式有前开式和开襟式。上半身里面会穿紧身胸衣，下半身里面会穿衬裙。穿前开式罗布时，能够看到里面的衣服。

衬裙
Petticoat

在文艺复兴时期，衬裙是内衣，不能展示给人们看，但是巴洛克时代的衬裙已经成为一种展示的服装。当时的流行做法是拉起罗布的裙摆，展示衬裙。因此，会使用鲜艳的颜色，加上精美的刺绣。衬裙的形状也变得和裙子相似，不再使用庸俗的鲸鱼骨。

时代

16～17世纪

地域

从法国到全欧洲

巴洛克时代的贵族女性展露了恰到好处的华丽。既不像文艺复兴时期那么庸俗，也不像洛可可时期那么夸张。非常适合公主貌美的穿着。

近代礼服的流行

巴洛克意为“奇怪的”，16 世纪末在意大利兴起，一直流行到 17 世纪前半叶。尽管被称为“巴洛克”，但这个时代的女性时尚恰到好处，裙子也不过分夸张，非常适合高雅女性穿着。

然而，女性对时尚的追求不会消失。掀起罗布展示作为内衣的衬裙，就是一种时尚的表现。这跟原本是内衣的吊带衫变成外穿的上衣是一个道理。

巴洛克初期的裙子蓬松鼓起，但是后来逐渐过时了。到了 17 世纪前半叶，几乎不怎么使用束腰和裙撑，自然的轮廓成为主流。设计上也倾向于简洁风格，比起厚实的织锦缎（有凸纹的织物），人们更喜欢轻薄的丝织品，颜色搭配方面也变得更加柔和。这或许都是因为巴洛克前期的风格过于华丽吧。

拉夫领一直流行到巴洛克初期，便渐渐过时了，取而代之的是像主插图一样，领口敞开，展露胸前的装束。佩戴拉夫领，遮盖颈部，这是落伍的老阿姨才会做的事情。

拉夫领的消失，让女性可以披散头发。从巴洛克后期开始，比起人工做成的高发髻，自然的垂发更受青睐。口红和粉底也是此时开始流行的。

这个时代备受欢迎的化妆方式是点黑痣（图 11），使用方式是用糨糊将黑布粘在脸上。形状多样，不仅有圆形的，还有星形和月牙形。使用得当的话，不但能遮盖痘疮印，还能增加艳丽感。根据所处的位置，还有不同的含义（见表 2）。

当时很多女性因为得过天花后脸上变得坑坑洼洼，所以点黑痣的流行，让她们十分庆幸。据说很多女性觉得一两颗黑痣不太够，会倾向于点上多颗黑痣。

图 11 点黑痣

表 2 点黑痣的位置和含义

位置	意义
额头	庄重
眼梢	热情
脸颊中心	喜欢男性
鼻子	不怕羞
嘴边	亲吻我

008

洛可可时代的贵族女性

罗布·吾奥朗特

Robe volante

短袖或七分袖的裙子，有前开式款式，也有像连衣裙一样闭合的款式。这意为飘扬的裙子，顾名思义，这是一种带有宽大裙摆的裙子。在玛丽·安托瓦内特时代，裙子的宽度达到了最大。

三角胸衣

法Pièce d' estomac

从巴洛克时代延续的三角胸衣，用于装饰。穿着前开式罗布时，会佩戴在胸前。

宽大的裙子

Roomy dress

尽管里面穿着束腰，但因为罗布·吾奥朗特本身的设计，所以看上去会很宽大。这也是为了展现轻松的氛围。

裙撑

Panier

一种能使裙子蓬松鼓起的框架。之前被称为Farthingale，但这个时代一般称为Panier。除了普遍的圆锥形外，像主插图一样横向伸展的形状也很常用。

时代

18世纪

地域

从法国到全欧洲

洛可可时代的女性虽然华丽，但过于浮夸。因此，很适合奢侈爱浪费的女性穿着。

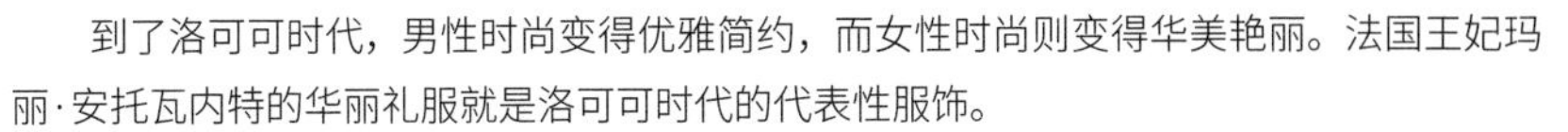

感官的愉悦使女性陶醉

到了洛可可时代，男性时尚变得优雅简约，而女性时尚则变得华美艳丽。法国王妃玛丽·安托瓦内特的华丽礼服就是洛可可时代的代表性服饰。

不同于上个时代，宝石也成为女性的一种装饰。

洛可可时代贵族女性的服装是由罗布 + 三角胸衣 + 衬裙构成的。不过，在这里面还会穿上**裙撑** (图 12) 和**束腰** (束腰和裙撑 017) 这样的内衣。

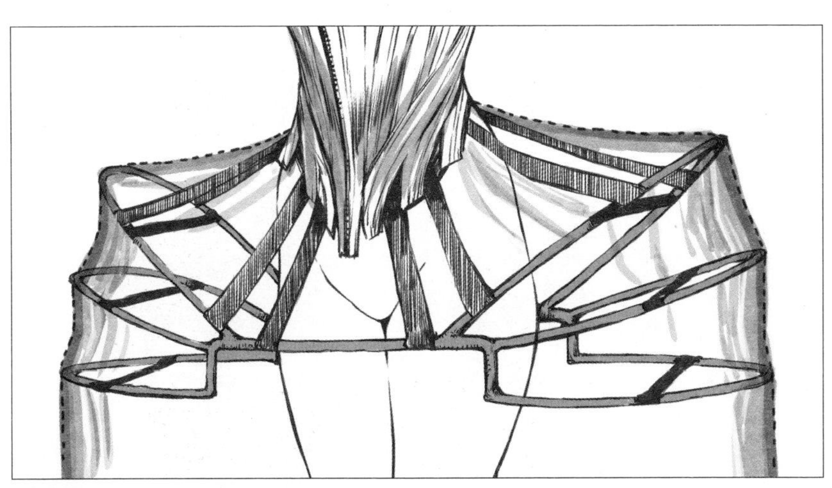

图 12 **裙撑**

洛可可时代前半叶（18 世纪前半叶），沿袭了巴洛克时代的习惯，没有在裙子里面放入大裙撑。发型也是蓬帕杜发型（前面的头发向上梳起，高高地固定下来的发型）。

但到了玛丽·安托瓦内特时代（18 世纪晚期），自然的身体轮廓会因裙撑和束腰发生改变，腰部会被勒到极限，裙子则是比以往任何时候都要鼓得更大。

过于庞大的裙子，让人举步维艰，甚至在皇宫宽阔的走廊上两个人擦身而过都很难。然而，在洛可可时代兴起了沙龙文化，废弃了巴洛克之前的舞会文化。于是，在舒适的沙龙里放松，朗诵诗歌，并进行轻松愉快的谈话，成了贵族们的乐趣。因此，难以步行的礼服也不再是问题。

至于发型，再次流行起高发髻，而且比以往更大更华丽。甚至超过 1 米的高发髻也不是什么新鲜事。

神职人员

剪发礼

罗Tonsura

天主教的修道士会剃去头顶的头发，留下一圈类似头巾的头发。这个发型被称为剪发（日语叫剃发）。神父不一定要留这种发型，另外，东正教会也不会留这种发型。

达尔玛提卡

罗Dalmatica

由一块布做成的贯头衣，长度到脚边。袖口宽大，衣服宽松。除了天主教外，路德宗和圣公会等新教也会将它作为典礼服装使用。圣公会一般使用英语。英文写作“Dalmatic”。

圣带

罗Stola

神职人员在参加仪式时，脖子上挂着的带子。圣公会一般使用英语，英文写为“Stole”。

十字褡

罗Casula

像斗篷一样的无袖衣服，是神职人员在达尔玛提卡外面穿的祭服。圣公会一般使用英语，英文写作“Chasuble”。

时代

15 ～ 19 世纪

地域

整个欧洲

从中世纪到近代早期，神职人员的衣服并没有太大变化。至今也没有根本性的改变。

长久不变的神职人员服装

达尔玛提卡是一种简便的服装（图 13），只要在布料中央剪出一个洞作为衣领，对折后将腋下和袖子缝合即可。原本是东方（东欧）常用的一种装束。以前有像 T 恤那么短的款式，也有及膝的款式，但长款逐渐成为主流。

在 2 世纪左右，基督教的圣职者就开始穿着达尔玛提卡了。之后随着基督教在罗马帝国的传播，很多人将它作为便服穿着。到了 12 世纪左右，普通人不再穿着，但基督教的神职者至今仍会在参加仪式的时候穿着达尔玛提卡，并佩戴圣带或穿着十字褡。

十字褡是在达尔玛提卡外面穿的祭服，上面会有刺绣装饰。做法很简单，只要在布料的中央位置开洞，然后套在身上就行了。服装的颜色被称为典礼色，分为白色、红色、绿色、紫色和黑色，分别有不同的含义。表 3 总结了天主教会的圣带和十字褡的典礼色含义。不过即便都是基督教，东方基督教在颜色的使用上也会有所不同。因此在创造虚构的宗教时，尽管不同文化中颜色所代表的含义不同，但只要把握住颜色的象征意义就足够了。

到了现代，已经很少有神职人员穿十字褡了，但他们会将圣带挂在脖子上，颜色的使用方式和十字褡一样。可以通过圣带的佩戴方式，了解神职人员的地位：司祭以上的职位会挂在脖子上，辅祭以下的职位会斜挂在肩膀上（图 14）。

(1) 切一块布，在伸出头的地方开洞。

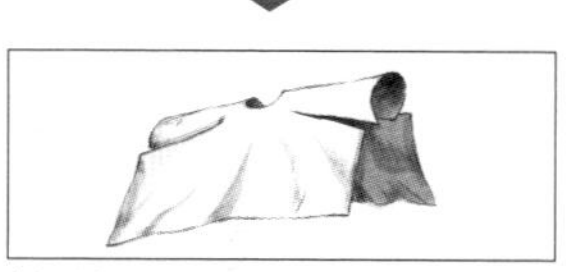
(2) 对折后，将袖子和身体的部分缝合。

(3) 完成。躯干的部分多出来的布，缝成褶皱。

图 13 达尔玛提卡的做法

表 3 典礼色的含义

颜色	意义
白色	代表纯真，用于圣诞节和复活节
红色	代表耶稣的血和殉教，用于殉教者的节日
绿色	常用的十字褡，用于没有特殊含义的日子
紫色	代表悔改和忏悔，用于将临期、四旬期和死者的弥撒
黑色	代表悲伤，用于诸灵节和葬礼

司祭以上职位

辅祭以下职位

图 14 圣带的佩戴方式

雇佣兵

阔缘帽
Platter hat
又叫比萨帽，是一顶扁平的帽子。一般会比头大一圈，经常用鸟羽毛进行装饰。
切口
Slash
这是一种特意留下很多切口，展露里层布料的装饰，就像在战场上被割开的切口一样。据说最早来源于雇佣兵，不过他们是故意在衣服上留下切口的。
胸甲
Cuirass
到了这个时代，包裹全身的盔甲已经过时，它只会让人行动迟缓，成为枪靶。只包裹前胸和后背的胸甲成了步兵的盔甲。
米帕蒂
Mi-parti
雇佣兵为了引人注目故意选择米帕蒂。在主插图中，袖子的切口方式以及下半身紧身裤袜的花纹，左右都不对称。
紧身裤
Hosen
这是雇佣兵们常穿的及膝或七分长的裤子。裤子到腰部，有时也会加上切口的装饰。
吊袜带
Garter
这是一条用来绑住紧身裤袜的绳子，这样雇佣兵就不会因为袜子滑落，难以行动而丧命了。
紧身裤袜
Hose
这是这个时代的人常穿的及膝长袜。
时代
16 世纪
地域
德国、意大利、瑞士
这样的装扮不适合优雅的骑士，却很适合粗鲁的雇佣兵。雇佣兵们的人生是短暂又耀眼的，他们灵魂的呐喊都体现在了服装上。

盔甲不再受重视的年代

16 世纪，骑士失去了作为决定性力量的能力，步兵的集体战术决定了战斗的胜负。这是由于步枪的发展，以及手持长矛的步兵密集队形的发明，如西班牙方阵（西 Tercio）。然而，没有贵族愿意成为步兵，所以雇佣兵在步兵中占了很大的比例。

当时有名的雇佣兵有**瑞士近卫队**（德 Schwerzergarde）、**雇佣兵队长**（意 Condottiere、意大利雇佣兵）、**国土佣仆**（德 Landsknecht，德国雇佣兵）等。但是，因民族特性和成立背景，其性质有很大的不同。

瑞士近卫队朴实刚健。由于土地贫瘠只能外出赚钱的瑞士雇佣兵们，以州政府为单位组成雇佣兵团。他们因忠于雇主，愿为雇主战斗到死而深受好评。

雇佣兵队长则是率领由意大利地方领主从领地征用的士兵作战。受文艺复兴时期全知全能思想的影响，雇佣兵队长大多是优雅有教养的人。他们在战斗之前会先创造出获胜的局面，认为拼死一搏是有勇无谋。因此，他们获胜的时候很强大，但是快要输了的时候就会逃走。

国土佣仆是模仿瑞士近卫队形成的，其中大多数人是出身贫苦的骑士，他们的生命短暂又耀眼。雇佣兵们过于张扬的服装就是从国土佣仆传播开来的，像主插图就是国土佣仆。他们的行为和日本战国时期的倾奇者有共通之处。他们都认为在战斗中朝不保夕，为了让自己的生命焕发光彩，就尽可能地打扮耀眼。因此，他们喜欢红、蓝、黄等张扬的颜色，还倾向于用混色。

创造雇佣兵角色时，需要注意佩剑的位置。他们不把剑直接插在腰带上，而是像图 15 一样佩戴。如果直接插在腰带上，剑柄位置会过高，难以拔出。但是，像图 15（c）一样剑比较短的话，会将剑柄拉到右边横放。这在日本很少见，短剑的话，一般都会将剑柄放到身后，便于刺杀。

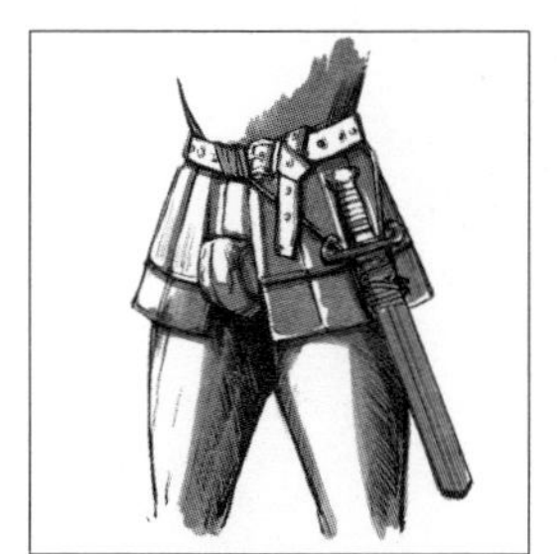

（a）将绳子绑在腰带的两侧，用垂下来的绳子固定

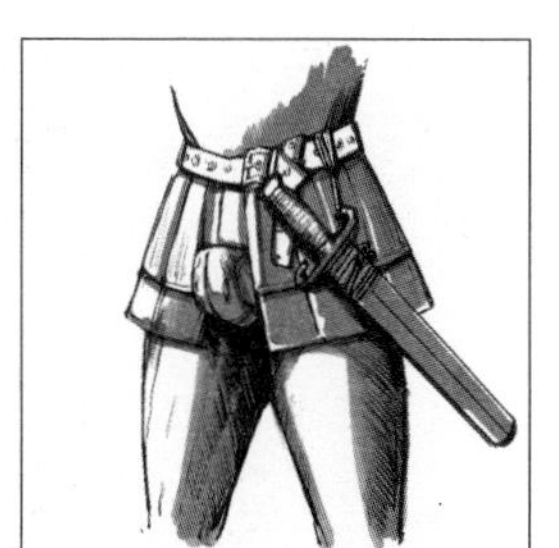

（b）用绑在腰带上的绳子固定

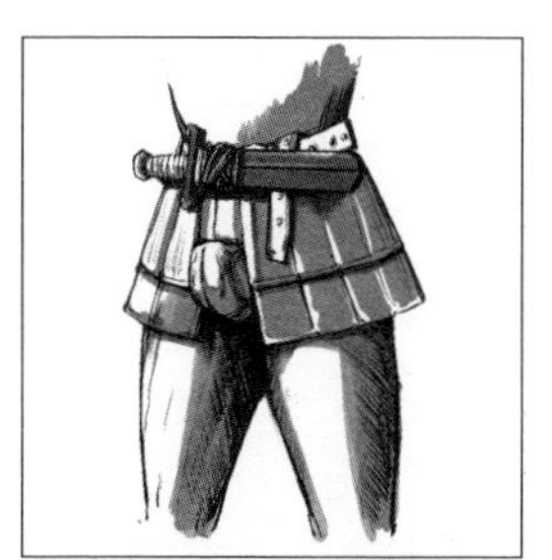

（c）短剑的话，一般会固定在肚子前面

图 15 佩剑的位置

011

男商人

帽子
Hat
贝雷帽的一种，形状扁平，被称为塔里耶雷（意 Tagliere）。

拉夫领
Ruff
用于防止污垢沾到外套的拉夫领，也能展现时尚。因此有些商人会戴上，但没有贵族的那么大，也有很多商人不戴。

袖子
Sleeve
商人上衣的袖子开了洞。

靴
Shoes
通常穿皮鞋,不会穿长筒靴。

时代

16～17世纪

地域

全欧洲

不管什么时代，商人都喜欢实用的衣服。因此，最好避免加入不必要的装饰。

实用优先的商人

不管在什么时代，商人都会穿实用的衣服。一旦成了大商人，他们也能过上比贵族更好的生活，但是只有少数商人才会穿着像贵族一样华丽的衣服。

然而，他们也会在一些难以看到的地方花钱。例如，将穿在外套里面的衬衣做成缎子材质的，或是在衣服的背面使用昂贵的毛皮，不经意瞥见的奢侈就是商人花钱的方式。

商人经常用手来进行物品出纳和算账，所以他们上衣的袖子和斗篷上有个开口（图 16），方便他们伸出手工作。不工作的时候，就作为长袖（长度可以遮住手）或斗篷穿着。

在意大利等温暖地区，不需要过度防寒，所以会穿着一件名为 Ferraiuolo（意）的短斗篷。

商人的帽子（图 18）以贝雷帽为主。有名为托佐的高顶贝雷帽和名为塔里耶雷的薄款贝雷帽。据说年轻人喜欢托佐，上了年纪的人喜欢塔里耶雷。另外，商人还会使用类似于现代礼帽的帽子。

图 16 袖子和斗篷的开口

图 17 温暖地区的外套

托佐

塔里耶雷

礼帽

图 18 商人的帽子

012

女商人

发型

Hair style

用一顶不太大的帽子把头发卷起来。

袖子

Sleeve

外套的袖子和男商人一样有开口。另外里面的袖子也和贵妇人不同，会贴合手臂，方便算账。

罗布

Robe

女商人穿着的前开式罗布和普通女性的没什么区别。但是，可能是因为商人需要严密感，所以不喜欢过分敞开胸口的设计。

衬裙

Petticoat

前开式裙子可以看到里面的衬裙。在中世纪曾是内衣的衬裙，在这个时代变成了上衣。

博尔萨

意Borsa

博尔萨是指从腰带末端垂下的荷包。对没有口袋的女性来说很方便，但最为受益的还是女商人们。

时代

16～17世纪

地域

整个欧洲

女商人与普通女性的不同之处在于比较朴素、稳重的打扮和不妨碍手工劳动的袖子。

兼具女性化和实用化

虽说是商人，但毕竟是女性，还是想要变得时尚。然而也不能忘记作为商人需要的实用性，于是就在这种限制中尽可能地追求时尚。

首先，因为要运送商品或者算账，所以手臂（尤其是下臂）需要便于行动，但是上臂并不需要做很大的动作。因此，女商人手臂的装饰集中在上臂，有切口或者泡泡袖等各种装饰（见图 19）。下臂只是在假袖子上（为了减少洗涤次数，缝在袖子末端的布）使用蕾丝或者小花边。

要是外套的袖子过长很碍事的话，可以像主插图中男商人那样，在外套上开个口，方便伸出手。当然，女商人穿斗篷的话，也会跟男商人一样从袖子里伸出手。

女商人和其他城市女性的特色是挂上小荷包博尔萨。通常会将腰带末端的绳子垂到脚边，再系上荷包。里面装着钱币和化妆品等小物品。使用时，拉起绳子就可以了。除了荷包外，还有人会挂上镜子和扇子等。

另外，为了避免污垢，有的女商人会穿前挂（图 20）。一部分人会将有着精美图案的前挂作为时尚的标志。

此外，为了不妨碍工作，女商人通常都会用简洁的帽子固定头发。

上臂的装饰

上臂的泡泡袖

图 19 上臂的装饰

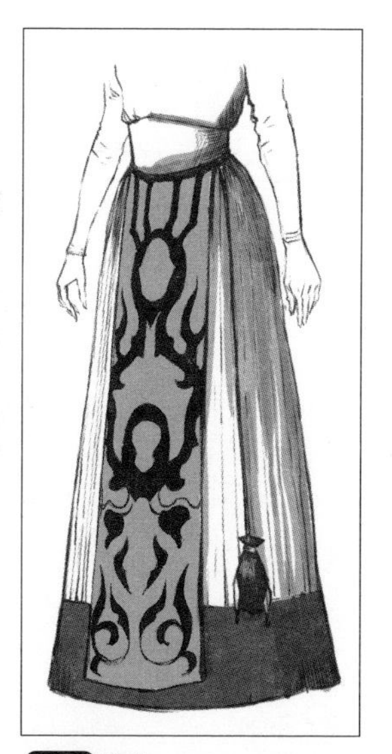

图 20 前挂

013

男性农民

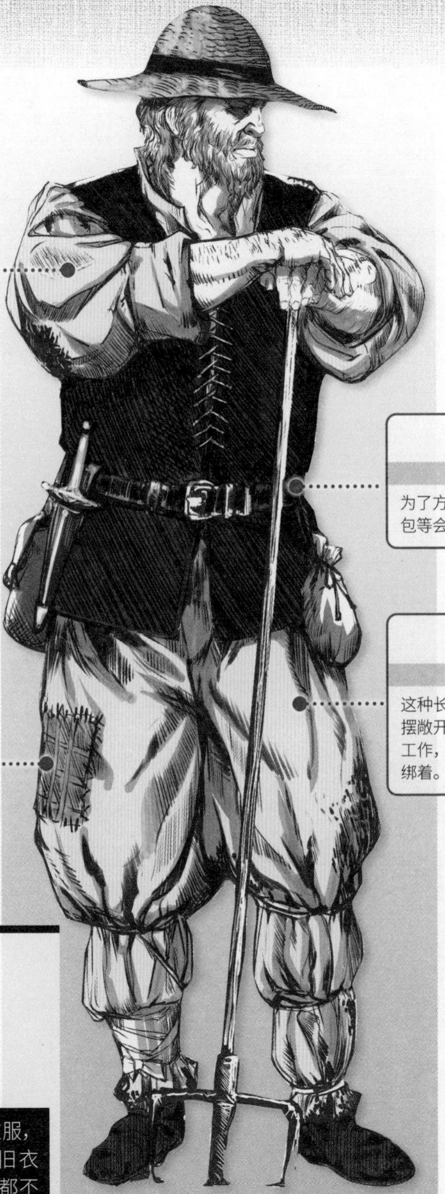

丘尼卡
Tunic

农民一般会穿制作简单的套头丘尼卡。衣服通常会做得比较宽松，方便所有人穿着。

腰带
Belt

为了方便工作，短剑和荷包等会被固定在腰带上。

补丁
Patch

农民的衣服要是出现破损，会一直打补丁。

裤子
Trousers

这种长裤的裤腿很粗，下摆敞开。但是为了不妨碍工作，膝盖下面会用绳子绑着。

时代

16～17世纪

地域

整个欧洲

农民很少有机会穿新衣服，一般都是穿打补丁的旧衣服。因此，他们的衣服都不太合身。

打补丁的旧衣服

大多数农民都是农奴（虽然不是完全的奴隶，但不允许随意走动，只能在规定的土地上务农的人们），拥有广阔土地的富裕农民只占极少数。因此他们的便服几乎都是旧衣服。这是因为当时没有成衣，衣服都是定做的。只有旧衣服是成衣。

当时纽扣很贵（用贝壳或硬木做的），所以他们几乎不怎么使用。旧衣服往往会被拆掉纽扣，因此农民会用绳子代替纽扣，系住衣服。

鞋子以凉鞋或皮鞋为主，要是能负担得起，也会买长靴穿。特别是进入森林打猎的猎人，为了保护脚，就算捉襟见肘也要买有鞋底的长靴穿。凉鞋是指用木头或软木制成鞋底，再用皮革或布料制成鞋带绑在脚上的鞋子。

鞋子只是将皮革缝在一起，做成脚的形状，没有鞋底（图 21）。直到 17 世纪左右，普通农民的鞋子才有了鞋底。

农民们在特殊的日子也会制作新衣服，尽可能打扮时尚，如祭祀（寻找结婚对象）和婚礼。他们会用拉夫领装饰，穿有纽扣的衣服。虽然简洁，但有点类似于贵族的装扮（图 22）。

图 21 没有鞋底的鞋子

图 22 盛装打扮的男性农民

014

女性农民

紧身胸衣
Bodice

不论阶级高低，大多数女性都会穿着无袖的前开式紧身胸衣。女性农民穿着的紧身胸衣就只是一件无袖马甲。胸前是用绳子代替纽扣绑紧，因为绳子便于调整尺寸。另外，由于当时没有内衣，紧身胸衣的上半部分也起到支撑胸部的作用。

罩衫
Shift

这是女性最基本的长袖上衣。虽然长度和衣领的设计多样，但做法简单，将身前、身后、右袖、左袖四块布料缝合在一起，再将衣领收紧即可。

围裙
Apron

女性很早之前就开始穿围裙了。这个时代的围裙是从腰部向下延伸的四方形布料。

裙子
Skirt

当时的女性，即使是在干农活也会穿长裙。不过，为了不沾到泥，裙子不会拖地。

时代

16～17世纪

地域

整个欧洲

农民的家较小，床也是共用的，所以女性们大部分时间都是在屋外度过的。为了方便哺乳，她们喜欢方便拉下衣领的设计。颜色方面更倾向于选择耐脏的褐色。

干农活也要穿长裙

农民不论男女都要干农活。但是，女性农民穿长裙，不太适合干活。即使没有日本那样的水田，裙摆不会浸到泥水里，也会沾到泥土。但是她们依旧穿长裙，小心地干活。

女性穿长裙干农活在那之后也一直持续着。直到 20 世纪，穿裤子干农活才变得普遍。著名的米勒画作《拾穗者》是 19 世纪中叶描绘的，但女性农民们的服装没有太大的变化。

虽说如此，但由于长裙实在是很不方便，所以会像图 23 一样，将裙子拉起来绑在腰部。

农民女性最常见的上衣是紧身胸衣和罩衫。

罩衫是指用四块布缝合而成的套头上衣。衣领设计多样，有敞开或收紧的款式。

紧身胸衣是指穿在衬衣外面的背心。用绳子勒紧胸前，贴合身体。因为下面的衬衣太宽松了，所以用紧身胸衣来强调身体线条。

13 岁以上的女性露出头发，被认为是不雅的。即使是贫穷的农民，也会用布或发饰遮盖一部分。

农民在婚礼等特殊日子，也会准备新衣服，尽可能打扮时尚。图 24 女性和图 22 男性（男性农民 013），是婚礼的新娘新郎。不过，因为要步行，所以裙摆离地面有些距离，可以看到鞋子和脚。另外，农民的新衣服也有可能是拆除贵族的旧衣服重新缝制而成的。

图 23 将裙子拉起来用绳子绑住

图 24 盛装打扮的女性农民

015

儿童

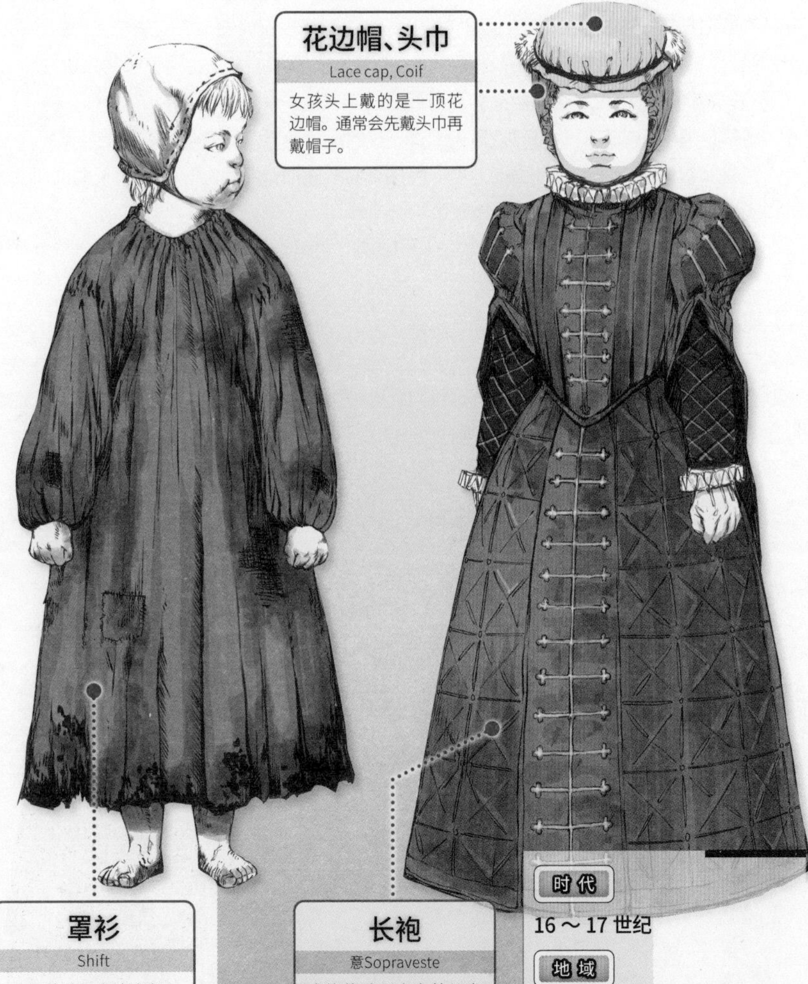

时代

16～17世纪

地域

整个欧洲

在没有儿童概念的世界，自然也没有童装，表明这是一个没有人关心儿童的时代。

跟成人服装款式相同的童装

直到近代，人们才开始重视儿童。虽然大家都是从儿童时期过来的，但是在那时候并没有划分不同年龄阶段。虽然我们很难理解，但是当时的人们是将儿童看作个头小，还不能工作的成人。

因此，儿童穿着和成人同款式的衣服也被认为是正常的。但有钱人和穷人在儿童装扮方面的处理方式是不同的。

贵族有足够的财力，能为孩子买新衣服。因此，贵族的童装往往都是缩小版的成人服装。

女孩子的裙子有裙撑，会将裙子撑开。男孩子的衣服是达布里特加马裤，配靴子这样的成人装扮。

相比之下，农民就没有能力特意为孩子买新衣服了。因此，为了让孩子长大后也能穿，他们会制作成人尺寸的衣服，勉强让孩子穿，或者调整自己的衣服让孩子穿上。要是裁剪衣服的布料，孩子长大了就不能穿了，所以会暂时缝起来。另外，因为孩子的脚是会慢慢变大的，他们负担不起童鞋，所以农民的孩子一般都是光着脚的。

即使是相对富裕的农民，有能力给孩子买衣服，也会把袖子做得很长，把一部分折叠后缝起来，做成孩子长大后还能穿好几年的衣服。为了让布料能反复使用，他们不会在衣服上添加任何装饰，也尽量不裁剪布料。例如像图 25 的衣服，即使孩子长大了，也可以拉伸肩带，作为裙子穿着。

图 25 设计成即使成人了也能穿着的衣服

016

米帕蒂和股囊

时代 16 世纪

地域 整个欧洲

从中世纪到近代早期，人们使用了现在意义上非常奇怪的服装和配饰。利用这一点，可以营造出异国氛围。

米帕蒂

左右不对称的事物被称为**米帕蒂**。之后，左右不对称的衣服也被称为米帕蒂。从 11 世纪开始流行米帕蒂服装，一直持续到了 16 世纪左右。

(a) 穿着米帕蒂苏尔外套的修道骑士

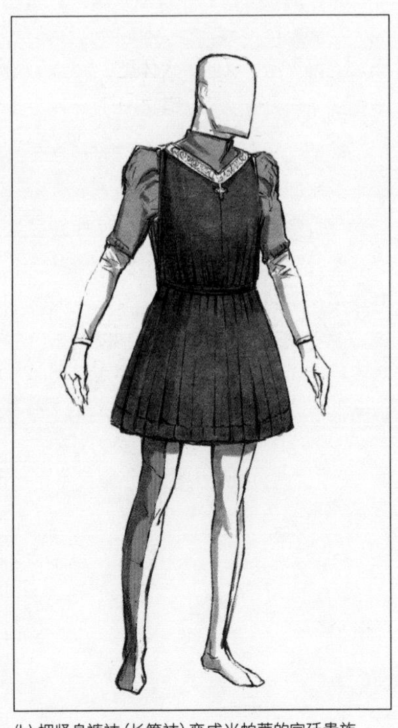

(b) 把紧身裤袜（长筒袜）变成米帕蒂的宫廷贵族

图 26 **米帕蒂**

米帕蒂最初是宫廷小丑穿的。但是，由于十字军士兵穿在锁子甲外面的苏尔外套（为了避免阳光直接照射金属盔甲而穿在盔甲外面的外套）是基于纹章设计的，所以它必然是不对称的。因此，对于那些习惯于看到左右不对称衣服的人来说，米帕蒂已经从滑稽的衣服变成了帅气的衣服，崇尚时尚的人也开始将米帕蒂用在普通的宫廷服装上了。即使对全身左右不对称感到尴尬的大多数人，也开始接受部分服饰米帕蒂化，如只有紧身裤袜（长筒袜）变成米帕蒂。

雇佣兵 010 喜欢引人注目，所以他们很积极地引入了米帕蒂，如袖子和紧身裤袜就是左右不对称。

即使是现在，在高定系列和部分时尚服装中，仍然有一些衣服是通过左右不对称来加强印象的。

股囊

股囊原本是一块覆盖在裆部的布料，能掀开，方便男性小解。因为那时没有拉链，裤子前面是敞开的，所以后来成了盖住男性生殖器的遮挡布。

然而到了 16 世纪，人们开始增加达布里特的填充物，以便扩大体型，如加大肩宽，或填充腹部，让人显得富态十足。这股潮流也影响到了股囊。为了让裆部看上去更大更有气势，股囊也开始加填充物了。

有些股囊是用丝带、蕾丝和珠宝装饰的。另外，为了让股囊更美观，还有用布遮盖金属股囊的情况。

这样一来，股囊就失去了原有的作用，反而会成为小解时碍事的装饰品。甚至还产生了一种风尚，男人们在板甲上装上股囊，以展示自己的男子气概（见图 27）。

图 27 股囊

017

束腰和裙撑

时代 16世纪

地域 从意大利到整个欧洲

为了展现女性之美，束缚身体的内衣成为时尚，细腰和夸张的臀部成了美的象征。

束腰

束腰（Corset）是为了让腰部看起来更细的辅助内衣。用鲸须和钢铁做一个框架，再利用绳子箍紧女性的身体。因此，当你从衣服上触摸腰部的时候，会感觉很硬。

穿束腰的话，女性会呼吸困难，甚至无法进食。据说当时女性之所以经常昏厥，是因为穿束腰很痛苦，容易引起贫血。

束腰是在13世纪左右发明的，据说是16世纪法国国王亨利二世的妻子凯瑟琳·德·美第奇王后所传播的。在法国大革命前，它一直被贵族女性们使用。法国大革命后被废弃了，不过到维多利亚时代又再次复活了。

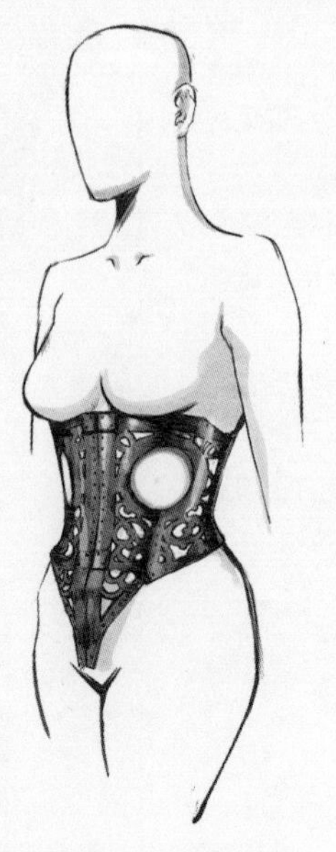

①钢制束腰：用钢制成的束腰，前面带铰链，可以从背后打开。有用绳子固定的款式和卡扣固定的款式。

②鲸须束腰：由结实的鲸须做成的束腰，用绳子系紧的样式是主流。

洛可可时期的女性首先要将宽松连衣裙（Chemise）作为内衣穿上，再在外面穿束腰和裙撑。最后叠加衬裙（裙子下面穿的内衣），才能穿上礼服。这样做是为了防止难以洗涤的束腰或者裙撑直接接触皮肤（因为会有污垢）。

裙撑

裙撑是一种在裙子下面穿着的辅助内衣，让裙子漂亮地展开来，令臀部看起来更丰满。洛可可时期的裙撑是用鲸须做成的，形状像灯笼一样，上面覆盖着布料。裙撑有圆锥形的西班牙式、圆柱形的英式以及处于中间的法式。

裙撑起源于 15 世纪的西班牙。在 17 世纪，它们遭到废弃，但是到了洛可可时代，被称为 Panier 再次流行起来。在法国大革命之后，它们同样遭到废弃，但是在维多利亚时代，变成了克里诺林裙撑（Crinoline）卷土重来。即使在现代，也会在穿婚纱等服装时使用。

③西班牙裙撑(Spanish farthingale)：15 世纪在西班牙发展起来的裙撑，是圆锥形。看上去像一条横线的，叫作“环圈”(Hoop)，是将鲸鱼骨等做成环后缝在内衣上形成的。从腰部向下慢慢变大，向下摆扩散。

④法国裙撑(French farthingale)：这是 16 世纪从法国流行起来的内衣，也被称为轮形。腰部围着环形垫子，再像西班牙裙撑一样，加上带环圈的内衣，因此是吊钟形的。

⑤大裙撑(Great farthingale)：这是 16 世纪英国流行的内衣。腰部有一个圆盘形的框架，再加上垂直下降的环圈内衣，因此是圆柱形的。

018

服装配饰

时代 16～17世纪

地域 整个欧洲

服装配饰随着时代的发展发生了巨大的变化，由此可以感受到与现代不同的世界。

女性的面具

虽然在现代看来会觉得很奇怪，但是从中世纪到近代早期，为了慎重起见，女性会戴上面具。

有时为了尽兴，她们也会戴上面具。化装舞会从14世纪左右开始兴起，到了17~18世纪，在欧洲宫廷大受欢迎。甚至因为过于受欢迎，还出了禁令。人们在舞会上用**面具**遮盖了脸，可以稍微放松一点，但也有人会借机进行暗杀。

另外，在洛可可时代，上流阶级的女性在骑马时也会戴面具。图28是贵族女性隐秘出门的装扮，会戴上面具和头巾。

图28 隐秘出门的贵妇人

手套

女性尽量遮盖皮肤被视为美德。因此，对上流社会的女性来说，手套是必需品。

手套有麻制的，但丝质手套更高级。在16世纪，出现了皮手套。中世纪的手套，一般设计较为简约。到了16世纪，由于英国女王伊丽莎白一世使用了带豪华刺绣和用珠宝装饰的手套，让华丽的手套大为盛行。大约在同一时期，法国王后凯瑟琳·德·美第奇喜欢使用散发麝香味的皮手套，这也成为一种时尚。当时，毛线手套是用来工作的，因此不是一种时尚元素。

从中世纪到文艺复兴时期，衣服袖子变长，会盖住手腕，有些甚至能盖住手。因此，用短手套就够了[图29（a）]。

但是到了16世纪后半叶，袖子变成了七分袖，所以需要长手套[图29（b）]。然而，戴手套吃饭很不方便，戴手套握手也不礼貌，脱掉长手套也很不方便。因此，手套会在手腕一侧开口，让手能够伸出来。

手笼

有时候，人们会用**手笼**（Muff，图 28）而不是手套遮住手。将毛皮做成圆柱形，放入手即可保暖。因为是防寒用品，所以长毛一侧为内侧。在表面也贴毛的手笼，需要两倍的毛皮，因此是奢侈品。另外，也有毛织手笼，跟毛皮手笼相比较为便宜。

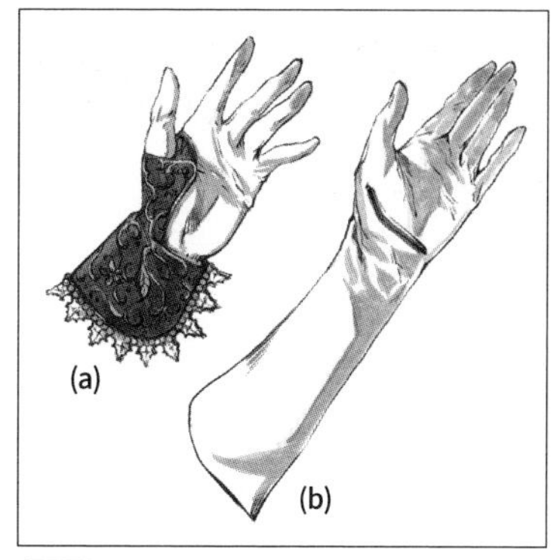

图 29 短手套和长手套

扇子

雅致的**扇子**（图 30）也是女性的必需品。但是古代欧洲的扇子并没有出现在中世纪的西方。文艺复兴时期流行的扇子是 15 世纪左右从中国或日本引进的。扇子的流行也是从伊丽莎白一世开始的，因为她随身携带用羽毛和宝石装饰的扇子，所以看来她很喜欢奢华的服装饰品。

到了 18 世纪的洛可可时代，贵族女性几乎没有不拿扇子的。扇子平常是闭合的，但笑的时候会打开遮住脸。因为在当时认为，向他人展示笑脸或哭脸等明显的面部表情是不雅的。

当时的扇子和现在一样，都是在竹子或木条上贴上纸或薄布制成的。但也有奢华的扇子，如用宝石或羽毛装饰的扇子，镶嵌在云母片上的扇子，以及削薄香木制成的扇子等。

图 30 扇子

019

文艺复兴时期的帽子

时代 14~16世纪

地域 整个欧洲

在西洋风幻想作品中，帽子是必不可少的。因为在17世纪之前，几乎所有欧洲人都会戴帽子。接下来介绍一些外观精美，能够体现角色特征的帽子。

男性的帽子

这个时代的男性，出现在人前都会戴帽子。即便是神职人员也会戴无檐帽。唯一的例外是修道士。

欧洲各个国家的帽子形状大同小异。不过，意大利和法国等拉丁派系偏奢华，英国和德国等日耳曼派系偏简约（但德国也有部分例外）。

①羽毛装饰的贝雷帽（Beret）：16世纪德国雇佣兵（国土佣仆）佩戴的华丽帽子，由天鹅绒和鸵鸟羽毛制成。因为当时德国流行羽毛，所以大多数雇佣兵会使用羽毛装饰。

② 圆帽（Round cap）：这是15世纪英国领主等地位高的人戴的帽子。

③高圆顶帽：（Tall rounded-crown hat）：这是16世纪英国商人戴的帽子。

④毛毡帽（Felt hat）：这是15世纪农民戴的帽子。

⑤小圆帽（Roundlet）：这是15世纪英国贵族戴的帽子，将装有填充物的布料围在头上。

⑥宽边帽（Brimmed hat）：这是16世纪西班牙贵族戴的帽子。带小帽檐，和现在的帽子比较相似。

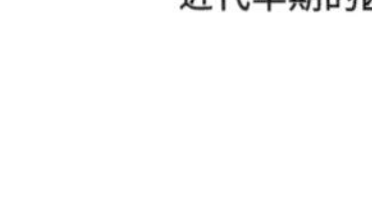

⑦窄边软帽(Toque):这是16世纪法国贵族戴的帽子,有窄帽檐。

⑧报童帽(Casquette):这是16世纪法国报童戴的帽子,没有帽檐。

女性的帽子

这个时代,帽子(或者是其他头饰,如发饰或王冠)是女性正装的一部分,不戴帽子被视为不雅。

⑨埃宁帽(法 Hennin):这是14世纪英国贵族戴的帽子,还受到中世纪的影响。到了文艺复兴时期,成了保守女性佩戴的帽子。有1个帽尖或者3个帽尖的款式。

⑩头巾(Headscarf):这是15世纪意大利城市居民和农民戴的帽子。

⑪发带(Fillet):这是15世纪意大利贵族使用的发带,现在在日本叫作发箍。因为这个称呼是日式俄语,所以最好不要使用。

⑫软帽(Bonnet):这是16世纪意大利城市居民戴的帽子。

⑬头巾:这是16世纪意大利贵族女性为了隐秘出门而佩戴的,用来遮盖脸。

⑭兜帽斗篷(Huke):这是15世纪英国贵族戴的面纱,做法是在木框架上盖上布。

⑮窄边软帽:这是16世纪英国商人妻子等城市居民戴的帽子。

⑯草帽(意 Cappello di paglia):这是15世纪意大利城市居民戴的帽子。

020

巴洛克、洛可可时代的帽子、发型和假发

时代 17~18 世纪

地域 整个欧洲

巴洛克时代后,男性用假发取代了帽子。另外，女性的发型变得越来越华丽。接下来主要介绍给人留下深刻印象的贵族角色发型。

男性的帽子和假发

在巴洛克时代，法国的路易十四戴了一顶浓密的假发（据说是为了遮掩秃头），在贵族之间引发了潮流。这种流行很快蔓延到了整个欧洲，假发成为权力的象征。到了 18 世纪，将假发染成白色成为一种流行趋势（涂上油脂或发蜡，并撒上小麦粉）。即使到了现在，英国法官仍有义务在刑事审判中戴上白色假发（部分地区在民事审判中不再强制执行）。曾是英国殖民地的国家，有一些法官依旧会戴白色假发。

①骑士帽(Cavalier hat):这是 17 世纪晚期法国时尚骑士戴的帽子。

②大陆帽(Continental hat):这是 17 世纪晚期德国贵族戴的帽子,冬季出行时的实用毛皮帽。

③大波浪长假发(Allonge):这是 17 世纪晚期法国贵族戴的假发,是路易十四引发的风潮。

④布尔斯(Bourse):这是 18 世纪晚期法国贵族用来扎头发的袋子。把头发往后拢,扎进一个黑色的丝质袋子里,垂在脖颈上。帽子是双角帽。

⑤三角帽(Tricorn):这是 18 世纪前期法国军官戴的帽子,帽子下面戴假发。

⑥卡多根(Cadogan):这是 18 世纪晚期法国贵族戴的假发。据说是英国卡多根男爵引发的风潮。

女性的帽子、发型和假发

在巴洛克时代，比起男性，女性的发型还很朴素。这时已经有盘发了，但高度最多只有 30~40 厘米。

到了 18 世纪末的洛可可时代，也就是法国大革命前夕，女性的发型开始变得华丽，假发的主角也从男性变为了女性。

特别是在法国宫廷，高发髻非常流行，50 厘米以上的发髻很常见，据说最多有 2 米。因此，出现了各种类型的假发。此外，头发上还装饰了各种物品。像蝴蝶结、梳子等普通的物品不能让人满足，还会加上鸟笼、马车、军舰等，满头都是装饰。

这样一来，就无法正常坐马车了，只能将头伸到窗外或坐到地板上。此外，为了不摇晃沉重的脖子，她们会优雅地擦地行走。优雅的走路方式不仅是为了美，也是为了不扭伤脖子。

⑦编织发髻（Braided chignon）：这是 17 世纪前半叶使用的发型。从这个时候开始不戴帽子也可以。

⑧哈鲁巴鲁（法 Hurluberlu）：这是 17 世纪晚期常用的直卷发型。

⑨哈鲁巴鲁：和⑧一样的发型，但是有点蓬。随着头发体积的增大，点黑痣也开始流行起来。

⑩蓬帕杜（法 Pompadour）：这是 18 世纪前半叶的发型，刘海向后梳，用别针或者发夹固定在头顶，发尾梳起固定在后脑勺。这是由法国国王路易十五的情妇蓬帕杜夫人引发的潮流。

⑪高景髻（法 Pouf）：这是 18 世纪晚期法国贵族使用的白色卷发发型。

⑫高景髻：和⑪一样的发型，不过用花哨的帽子让头发的体积变得更大了。

021

鞋子

时代　16～18世纪

地域　整个欧洲

接下来主要介绍跟现代外观不同的鞋子。同一个文化圈的角色，通过统一鞋尖，能展现出群体的协调性。

文艺复兴时期的鞋子

在文艺复兴时期，只有男性才会把鞋子当作时尚。因为女性的鞋子会被厚重的裙子遮住，几乎看不见，只有农妇的穿着才能看到鞋子。

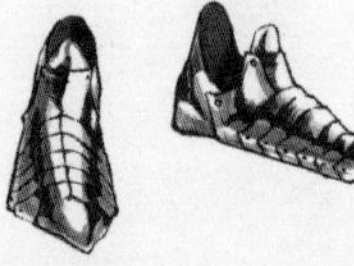

①波兰那（法 Poulaine）：这是15世纪男性穿的铁鞋，用来覆盖脚边的铁甲。鞋尖是尖头的，迎合了当时的潮流。另外，同样形状的皮鞋也叫波兰那。

②伽马奇（法 Gamache）：这是一双由两块皮革缝合到一起的鞋子，没有鞋底。在15~16世纪，受到了男性农民和贵族的欢迎。

③木底鞋（Patten）：这是15世纪女性穿的凉鞋，通常会在木质鞋底加上布或者皮革。

④埃斯卡菲农（法 Escaffignon）：这是16世纪男人们广泛使用的皮鞋，鞋头宽大有鞋带。

⑤伐木靴（Woodsman' s boots）：这是16世纪男性穿的鞋子。将靴子后面的绳子系在皮带上，可以将靴子往上拉，防止靴子在森林里被剐到。

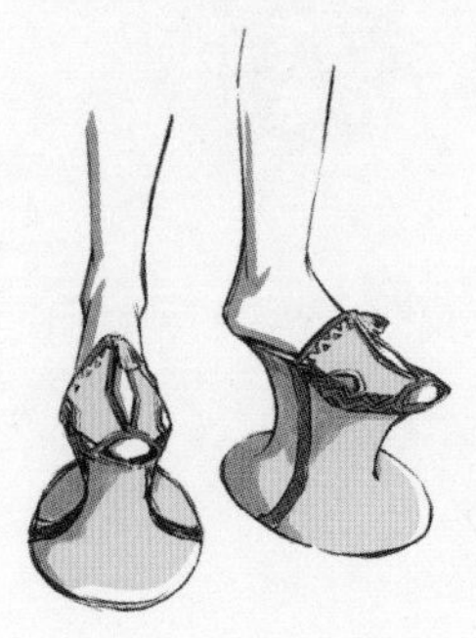

⑥松糕鞋（意 Chopine）：这是16世纪左右，女性为了显高穿的鞋子，也被称为Pianelle（意）。

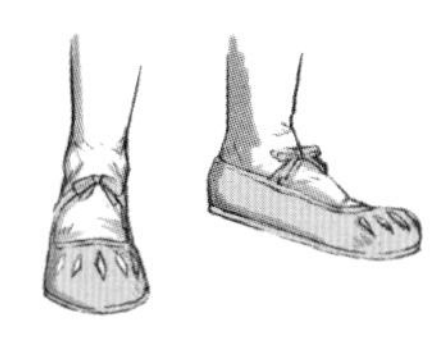

⑦鸭嘴鞋（Duck bill shoes）：这是16世纪女性穿的鞋子，是一款带切口的厚布鞋，也被称为 Bear’s claw。15世纪流行尖头鞋，到了16世纪，则流行宽头鞋。

巴洛克、洛可可时代的鞋子

从巴洛克到洛可可时代，鞋子开始加上了鞋跟，样式变得和现代相似。

到了18世纪后半叶，女鞋的设计终于与男鞋产生了差异。对当时的女性来说，小脚是一种美的表现。因此，她们更喜欢显脚小的设计，例如高跟鞋。

鞋头分为尖头和宽头设计，在20~30年的时间间隔里交替出现。

⑧马靴（Riding boots）：这是17世纪男性穿的马靴，上面有马刺。

⑨便鞋（Pantofle）：这是17世纪男性穿的高跟鞋。当时的道路上落满了人和马的排泄物，很脏，所以不论男女都穿着高跟鞋，以防弄脏脚。

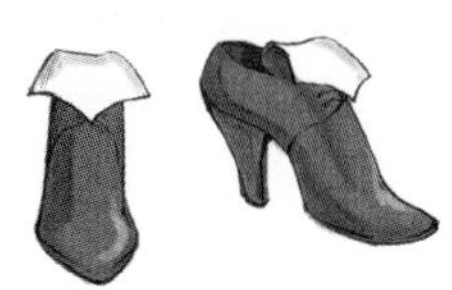

⑩便鞋（Pantofle）：这是17世纪女性穿的便鞋。这时女鞋的设计跟男鞋没什么差别。

⑪穆勒鞋（Mule）：这是18世纪女性穿的凉鞋，后跟部分没有带子和遮盖物，当时男女都会穿上这种鞋子。

⑫靴子（Boots）：到了18世纪，男款靴子依旧是主流。

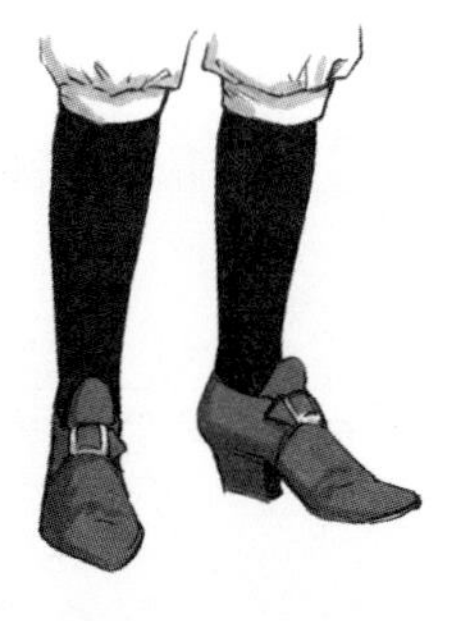

⑬搭扣皮鞋（Buckles leather shoes）：这是18世纪男性穿的皮鞋。如图所示，男性们经常穿着皮鞋，配紧身裤袜（长筒袜）。

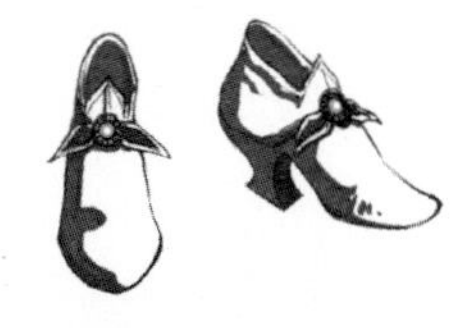

⑭路易鞋跟（Louis heel）：这是18世纪在女性中流行的鞋子，鞋跟在中部呈现弧形。

022

盾牌纹章（颜色）

时代 12世纪至今

地域 从德国到整个欧洲

纹章不仅能用在盾牌上，还能用在城门和觐见室的墙壁等想要炫耀自己名字的场所。另外，美丽的纹章作为游戏背景的装饰也是十分有用的。

因战争形成的纹章

纹章源于盾牌上的图形，用于战场上的个人识别，以便论功行赏。

这和日本的家纹或旗指物比较相似，但不同的是，日本的家纹是识别家族的标志，而纹章是识别个人的标志。在日本不管是哪位家庭成员取得战功，都会对家族进行嘉奖，但在欧洲，战功是属于个人的，即便是父子，赏赐也是要分开的。

就这样，盾牌纹章（Escutcheon）诞生了。对这种纹章的研究被称为纹章学。

盾牌纹章有严格的规定。最重要的规则是不能存在相同的纹章。但是这不能约束别国的人，所以在其他国家可能会存在相同的纹章。

盾牌纹章可以使用的颜色也有规定。纹章的颜色被称为**纹章色**，只有金属色（The Metals）、原色（The Colours）、毛皮纹样（The Furs）三种（表4）。没有使用容易混淆的颜色，是为了在远处也能轻易识别。

表4 纹章色

纹章色	具体颜色
金属色（The Metals）	金（Or）、银（Argent）
原色（The Colours）	蓝（Azure）、红（Gules）、紫（Purpure）、黑（Sable）、绿（Vert）
毛皮纹样（The Furs）	貂皮色（Ermine）和鼠皮色（Vair），及其变体

然而，在漫长的岁月里，也出现了例外。例如，为了在纹章上描绘人物，使用了肤色。

纹章作为识别个人的装饰，还会用于其他场合。比如，用于苏尔外套（穿在盔甲外面的衣服）的设计，装饰在城墙上，以及印在信纸上。

纹章色的规则

纹章色最基本的规则是，同类颜色不能放在一起。例如，金属色的金色和银色就不能相邻。在纹章中不使用黄色或白色，但有时会出现黄色或白色的盾牌图案，这时黄色代表金色，白色代表银色。

毛皮纹样是金属色和原色里各取一种颜色组合在一起的图形，这在纹章学中也被视为一种颜色。毛皮纹样里的貂皮（图 31）图形不变，但是根据配色有不同的名称，如表 5 所示。底色和图形色，如果一方是金属色，那么另一方必须得是原色。

黑底白尾色也被称为 Counter Ermine。

另外，除了表上的颜色，其他组合颜色，如蓝底金尾色，就会被称为 Azure ermined Or，名称由底色和图形色组合而成。

表 5 毛皮纹样中拥有特殊名称的 4 个例子

名称	拉丁文	底色	图形色
貂皮色	Ermine	银色	黑色
黑底白尾色	Ermines	黑色	银色
金底黑尾色	Erminois	金色	黑色
黑底金尾色	Pean	黑色	金色

毛皮纹样里的鼠皮配色几乎没有变化，通常是蓝色和银色的组合。但是根据图形有不同的名称，如图 32 所示。

如果使用其他颜色的鼠皮就被称为 Vairy，加在名称里用来说明颜色。比如，要给一个银色和紫色的图形 Vair in Pale 取名，那么就会被称为 Vairy in Pale Argent and Purpure。

图 31 毛皮纹样貂皮

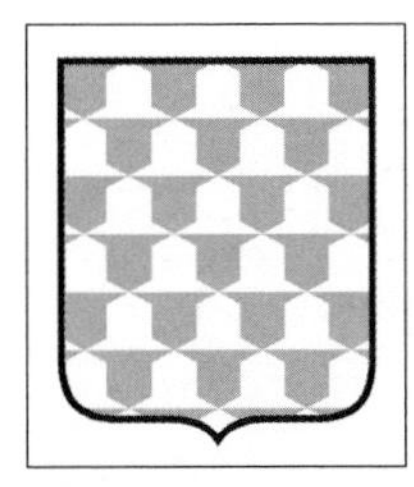

Vair

Counter Vair

Vair in Pale

Vair en Pointe

图 32 毛皮纹样鼠皮

023

盾牌纹章（图形）

时代 12世纪至今

地域 德国到整个欧洲

盾牌上的纹章图形，可以用来表示人物的血缘关系。另外，在多个人物的纹章上加入同一个土地的图形，还能表示领地纠纷。

普通图记

纹章上简单的几何图形被称为普通图记（Ordinary）。除去细节，就是图33那样的图形。

①盾顶记（Chief）：盾牌上有一条横线覆盖大约1/4到1/3的面积。

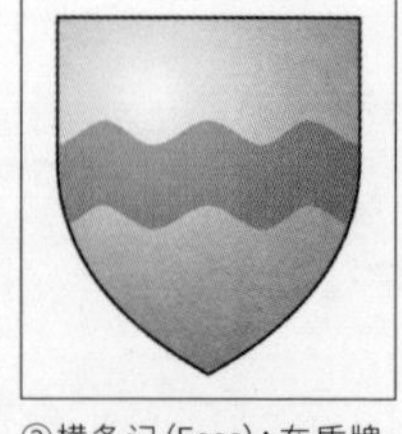

②横条记（Fess）：在盾牌的中间有一条横线，大约有盾牌的1/4到1/3高。

③纵条记（Pale）：在盾牌的中间有一条垂直的宽条，大约是盾牌宽度的1/4到1/3。

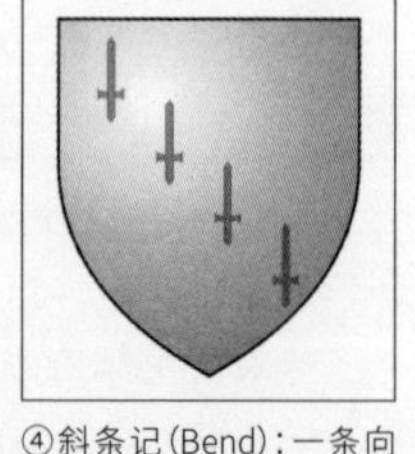

④斜条记（Bend）：一条向右下降的斜条，宽度与横条记或纵条记差不多。向左下降的场合被称为反斜条记（Bend sinister）。

⑤十字记（Cross）：有横条记和纵条记的十字架图记。十字架作为模板有多种变化。

⑥圣安德鲁十字记（Saltire）：斜十字线。

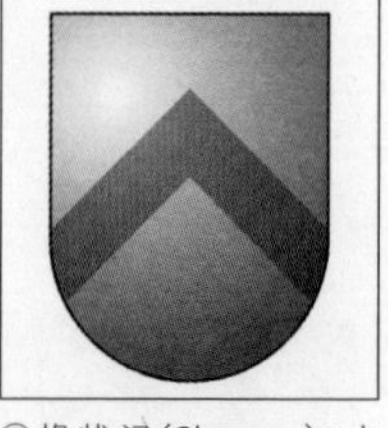

⑦椽状记（Chevron）：山形线。

图33 普通图记

最基本的普通图记是一条线，如盾顶记所示。但是，有时人们也会将边缘弄成像横条记一样的波纹形，或者像纵条记一样的锯齿形，还有像圣安德鲁十字记一样的双线。在上图十字记的例子中，可以看出它被做成了一种简单的装饰性形状，但是它仍然是一个普通图记。

在斜条记的例子中，甚至不是线状的，而是通过排列其他的图形（例如剑）来形成纹章的普通图记。

次普通图记

不属于广泛使用的普通图记，但是相对常用的图形被称为次普通图记（Subordinary）。因为种类校对，接下来介绍重要的三种图形，如图 34 所示。

⑧盾边(Bordure)：盾牌的边缘。

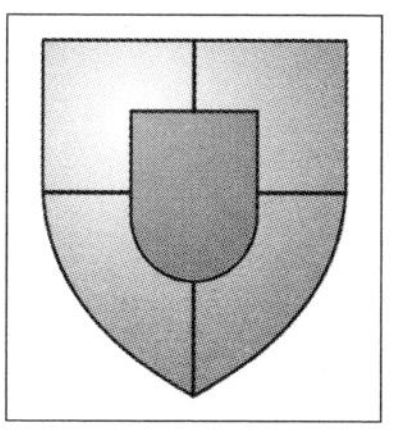

⑨小盾章(Inescutcheon)：在盾牌的中央放置一个盾牌的形状。

⑩垂鞍饰带(Label)：放在盾牌的上段，在横线下方有三条短竖线。

图 34 次普通图记

垂鞍饰带作为这个家族后裔的标志(Cadency mark，追加到主纹章的图形)，添加在子嗣或分支的盾牌上，以表明其宗族归属。

寓意物

寓意物（Charge）是指放在盾牌上的图案，普通图记也是其中的一种。所以除了普通图记这样简单的图形外，还可以在盾牌上画一些具体的图案，这也是寓意物的一种。

大多会使用勇猛的动物，常见的有狮子和鹫。另外，设计者也喜欢强大的幻想生物，如龙、飞龙等。植物方面，图 35 中的百合花饰，就是作为法国王室的寓意物而闻名的。还有些寓意物会选择交通工具，如船、飞机等。

图 35 法国王室的寓意物

分割和配列

分割是指将盾牌分为几个部分。

常见的有二分法、三分法和四分法。

二分法分为纵、横、斜、椽状（山形）的分割。

三分法主要是纵、横的分割。在国旗上经常能看见这种纵、横的三分法。

四分法分为纵横分割和两条斜线分割，但比较常用的是前者。

分割时，以上为尊，其次是左侧。

另外，这种分割也经常用于多个纹章的排列。

024

纹章和大纹章

时代 12世纪至现代

地域 从英国到整个欧洲

在盾牌上加上一个大纹章，就显得非常豪华，能展现王室的气派和威严。

为了炫耀自己，王族和贵族开始制作在盾牌周围添加各种装饰的纹章。包括添加了盔饰和饰章的纹章，还有附带支撑物和箴言的大纹章。纹章有明确的规则，所有根据规则绘制的纹章都被认为是正式的。

然而，只有国王和大贵族才能使用大纹章，像骑士是没有资格的。

纹章的构成将通过英国的大纹章（图36）进行解说。大多数纹章是由①~⑨的部分构成，但也有纹章会省略掉一部分。

位于中央的英国国王的盾牌纹章，根据 023 描述的分割，是四分法。三头红色的狮子是英格兰的纹章（左上角，右下角。因为只有3种纹章，所以使用了两次英格兰的纹章），金红色的狮子是苏格兰的纹章（右上角），蓝金色的竖琴是爱尔兰的纹章（左下角），代表了英国国王拥有这一切。

当纹章以这种方式合并时，纹章学中原色不能相邻的规则就会被打破。例如，英国的纹章，左上角的红底和右下角的蓝底相邻。

①盔饰：纹章上保护头部的盔甲。

②披饰：用来装饰盔饰和盾牌周围的布。源于穿盔甲时披在上面的披风，但为了显得更华丽，逐渐发展成撕裂的形状。

③嘉德：蓝色吊袜带，源于英国的嘉德勋章（因勋章上的吊袜带是蓝色的，所以也被称为蓝色吊袜带），普通的纹章里不会添加。并在上面用古法语写了骑士团的格言“HONI SOIT QUI MAL Y PENSE”（心怀邪念者蒙羞）（当时英国王室的官方语言是法语）。

④基座：放在盾牌下面的基座。虽然英国当时大部分地方是草原，但是基座上经常会画岩石、海洋、大地等风景。

⑤箴言：座右铭。在英国，会用古法语写上“DIEU ET MON DROIT”（上帝与我的权利）。通常会使用本国语言或拉丁语。

⑥支撑物：位于盾牌左右，支撑盾牌。通常会描绘动物或人类（如幻想动物和天使等），极少数会使用植物和建筑物。在英国，代表英格兰的狮子和代表苏格兰的独角兽就是支撑物。独角兽是一种危险的动物，所以被拴住了。这可能是国王想要拴住苏格兰，因为他一直被苏格兰的叛乱所困扰。

⑦皇冠：表明纹章持有者的地位，只有国王和贵族才能使用。在英国，王储和其他王子为了方便区分，会使用不同的皇冠形状。

⑧花圈：放在盔饰上的布，是饰章的基座。在英国，因为有皇冠，所以会放在皇冠下面。

⑨饰章：放在纹章的顶部，由头盔摆饰发展而来。在英国，是一只戴着皇冠的狮子。

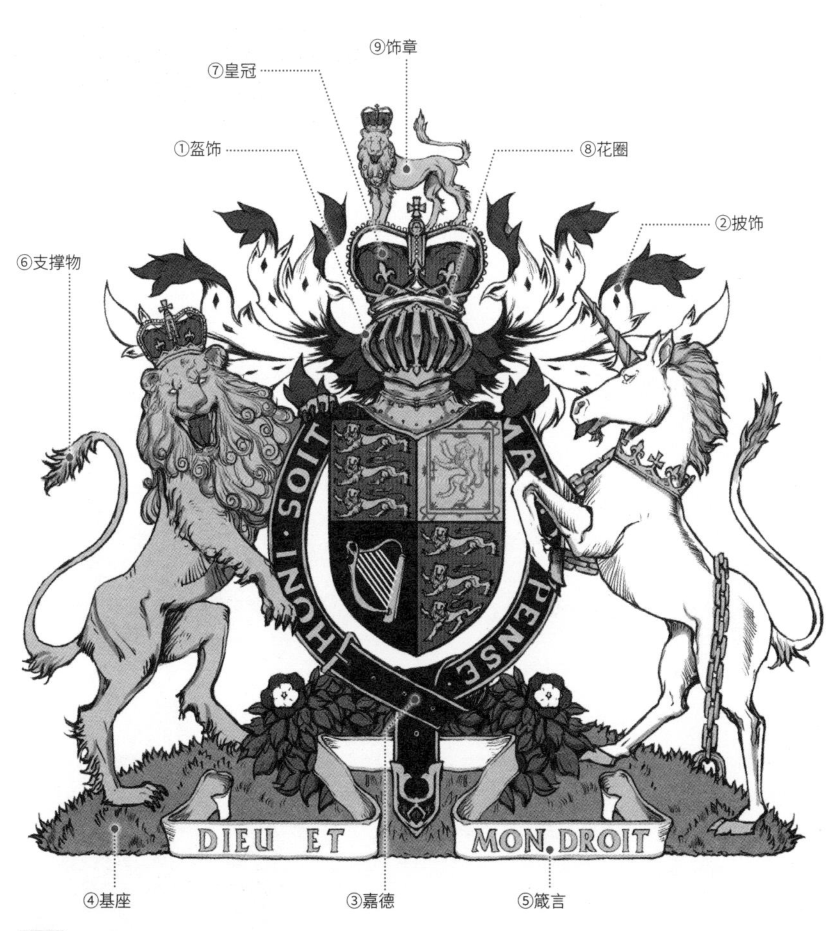
⑨饰章
⑦皇冠
①盔饰
⑧花圈
②披饰
⑥支撑物
HONI SOIT QUI MAL Y PENSE
DIEU ET MON DROIT
④基座
③嘉德
⑤箴言

图36 大纹章

025

饰章

时代　16～17世纪

地域　整个欧洲

在欧洲，骑士为了引人注目，会在盔甲上加上华丽的装饰。其中最重要的就是饰章。

装饰头部，以便在高处引人注目

日本战国武将们为了在战场上引人注目，会将自己的盔甲弄得很华丽。其中，直江兼续的“爱”字头盔，还有加藤清正的长乌帽等都很有名。欧洲也是如此，骑士们为了脱颖而出，会在头盔上加上装饰（图37）。

这种装饰就是**饰章**（Crest）。

饰章会使用各种图案，如人类、动物、幻想动物、植物、建筑物、工艺品等。不同图案代表了不同的意思，可以表示出身、领地产物、土地传说、富贵等，但最常用的是表示勇猛的残暴动物。

在饰章上使用的图案，也能用于头盔以外的地方。人们可以画在自己的爱用品上，也可以装饰在觐见室里。

接下来让我们举例说明一下饰章是由什么构成的。

图38是代表勇猛动物的饰章。同一只狮子因姿势、携带物品、脸部的朝向、展露的形象（全身、半身或头部）不同，千差万别。甚至还有像鱼尾狮这样的怪物。

图39是代表土地产物等的饰章。如麦子饰章表示在肥沃的土地大获丰收，锁的饰章表示做锁。

图37 带珀伽索斯饰章的头盔

狮子

鱼尾狮

狼

龙

图38 代表勇猛动物的饰章

麦

锁

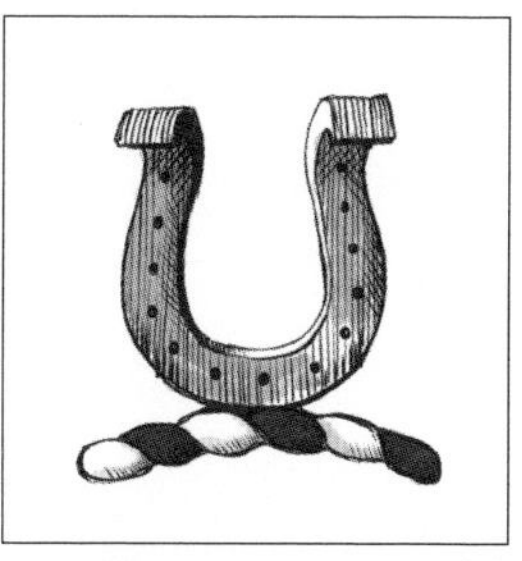

蹄铁

城堡

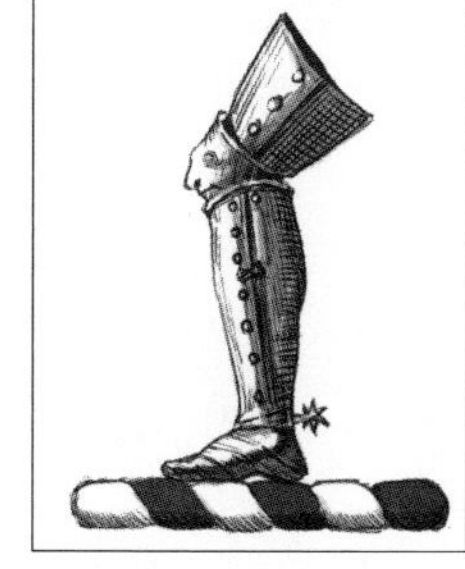

脚

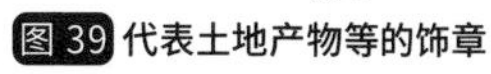

图39 代表土地产物等的饰章

并不华丽的中世纪欧洲

幻想作品经常以中世纪欧洲为舞台，但实际上，中世纪的欧洲十分贫穷，根本无法作为幻想作品的舞台。那时的贵族，很多人不识字。他们吃饭的时候也并不雅观，会用刀切开木板上的烤肉，直接用手抓着吃。这是因为叉子等餐具还没有普及，所以也不可能看到优雅的聚餐场景。至于城堡，则讲究实用，并不舒适。

那么，豪华的礼服、精致的餐点、奢华的城堡等我们想象中的中世纪欧洲，又是怎么回事呢？实际上很多幻想作品中的服装和文化都是基于近代早期的欧洲。玛丽·安托瓦内特住的凡尔赛宫，在那里举办的舞会，都不是发生在中世纪欧洲。她是 18 世纪末，工业革命后的近代早期人物。到了这个时代，每个人才用上了刀叉，确立了基本的用餐礼仪。中世纪的贵族可没有这种礼仪。

而且他们的服装也不是一成不变的，会随着时代的发展而变化。从中世纪到近代早期也是如此。虽然没有像现代这样在几年内交替更迭，但是也不能认为在几百年间只流行一种时尚吧。

在近代早期，时尚每隔几十年就会发生变化，因此贵族们会穿着跟以前不同款式的服装。在中世纪，这个周期就更长了，有时甚至长达一个世纪。尽管如此，时尚还是会逐渐发生变化，也出现过流行的服装。

第2章

近代欧洲

法兰西第一帝国时代至维多利亚时代

为了征服世界而产生的服装

拿破仑时代的上流社会男士
维多利亚时代前期的上流社会男士正装
维多利亚时代的上流社会男士正装
维多利亚时代的上流社会男士便服
维多利亚时代的上流社会男士运动服
拿破仑时代的上流社会女性
维多利亚时代的上流社会女性
维多利亚时代的上流社会女性运动服
维多利亚时代的男性御寒用品
维多利亚时代的女性御寒用品
女仆
女家庭教师
拿破仑时代的士兵
英国皇家海军
拿破仑时代的企业家
拿破仑时代的职业女性
法国革命派男性
法国革命派女性
拿破仑时代至维多利亚时代的男性农民
拿破仑时代至维多利亚时代的女性农民
维多利亚时代的儿童
维多利亚时代的男帽
维多利亚时代的女帽
维多利亚时代的内衣
维多利亚时代的鞋子
维多利亚时代的首饰

026

为了征服世界而产生的服装

Cloth for world domination

近代欧洲（18 世纪末至 20 世纪初）是**帝国主义时代**。欧洲各国为了增加殖民地而侵略世界。想要征服世界的邪恶帝国主义形象，来源于欧洲各国贪婪的行为（帝国主义）。

帝国主义时代也是人们大量出国的时代。因此，他们不喜欢过于华丽且难以行动的衣服。

棉纺织品的普及

欧洲是一个寒冷的地区，不适合种植棉花。因此，中世纪的棉花是仅次于丝绸的奢侈材料。但是，因为殖民地和产业革命，这种情况在近代发生了巨大的变化。

17 世纪，英国对印度实行半殖民化统治后，印度的棉纺织品开始进口到欧洲，让棉花在欧洲变得普及。

18 世纪英国的产业革命进一步推动了这一现象。织布机、纺织机的发明，让棉纺织品的生产速度远高于人力时代，价格也变得更便宜。英国也从棉纺织品的输送国转变为进口棉花、出口棉纺织品的加工贸易国。与此同时，棉花成了欧洲人十分熟悉的面料。

然而，随着棉纺织品的兴起，欧洲的毛纺织品行业走向了衰退。

革命期 (18 世纪末)

18 世纪末的法国大革命时代，让所有人的服装变得更轻便。为了参加革命或反革命，女性也倾向于选择容易战斗的服装。随后，拿破仑发动战争，让整个欧洲进入战争期。因此，贵族和平民都习惯了穿军服。战争过后，由军服改造的服装也得到了传播。

女性的服装受到了帝政风格的影响，没有硬框架的长裙受到了欢迎。

浪漫主义时代（19 世纪前半叶）

战争时代结束，欧洲进入了相对和平安宁的时代，这就是 19 世纪前半叶的浪漫主义时代。这一时代的特征是男女服装向相反的风格发展。

或许是因为革命时期的服装过于简洁，女性服装又开始流行华丽夸张的风格。尤其是裙子，大到无法独自穿脱。这被称为克里诺林风格。

但是男性的服装与此相反，他们流行丹迪风格。简约但注重仪表，能很好地衬托出男性的魅力。

维多利亚时代（19 世纪后半叶）

19 世纪后半叶的维多利亚时代，女性的服装再次变得轻便。从现代的角度来看，因难以行动而使人感到困扰的巴斯尔裙，比起之前的克里诺林裙，可以说是非常轻便的了。就好像女仆装，大家总会去思考这样的衣服能不能进行家务劳动，但是当时这种轻便的服装可是划时代的。

在漫长的历史中，不断演变的时尚在这一时期得到了基本的确立。即便未来可能会有进一步的变化，但是在接下来的 100 年里，服装风格保持相对稳定。

从浪漫主义时代开始，男性时尚就没有什么变化。其中最大的变化可能就是领结变成了领带。

女性时尚会参照 19 世纪末到 20 世纪初的法国时尚（女性时尚起源于法国）。在 19 世纪末，女性裙子上的框架消失了，变得和现代裙子相似。

另外，虽然本书中没有提及，但 1870 年，世界上第一条牛仔裤在美国诞生了。因此可以说在 19 世纪末，现代时尚的元素已经成型了。

027

拿破仑时代的上流社会男士

礼帽

Top hat

在日本也被称为丝绸礼帽（Silk hat），这是礼帽中，用丝绸材质做成的帽子的名称。礼帽是18世纪末出现的，最初是用毛皮做的，后来用丝绸制作帽子渐渐成了一种流行风向。

领结

Cravat

虽然不像法国君主制时期那样的花边领子，但还是会在颈部系上领结做装饰。随着时间的推移，逐渐演变为领带。

长外衣

Frock

这是现代燕尾服的前身，和法国君主制时期的长外衣不太相同。带领子，衣服背后的布会向外延伸。

庞塔龙

Pantaloon

庞塔龙是法语，意思是长裤。它和现代喇叭裤那种裤腿较大的裤子不同，裤脚要比现代短，脚踝完全露在外面。

时代

18世纪末至19世纪前半叶

地域

从法国到整个欧洲

文艺复兴之前的服装是为王公贵族服务的，而拿破仑时期的服装则是为平民服务的。普通平民们拒绝了贵族华丽奢侈的品位，他们穿上有质感的衣服，实用是大众的朋友、时代的主角。

拒绝华丽的贵族时尚

从拿破仑时代到 19 世纪初，为了反抗华丽的贵族时尚，开始流行简洁风。随着平民的崛起，实用的英式风格越来越受欢迎。

按照英式风格的标准，在衣服里放入框架勉强扩宽衣服，或者戴个大假发，都不符合绅士的举止。在此之前的男性服装倾向于使用明亮夸张的色彩，但从这时起，人们认为黑色、深蓝色、灰色等现代西装常用的素雅颜色会显得更有品位。

此外，他们还取消了象征贵族的裙裤和白色丝袜，穿上了原本是平民服装的庞塔龙（长裤）。所以那时也被称为无裤党时代。

上衣则选择了类似现代燕尾服的长外衣。但是那时领带还没有出现，有些人会用领结装饰在颈部。

在那个时代，人们的打扮也是当时政治主张的体现。比如反对法国大革命的**保皇党**（图 40），他们会通过下列方式对抗革命派：竖起礼服的领子（这个时代已经有领子了），拉高领结到下巴，下半身穿着裙裤。

不过在拿破仑统治时代，裙裤和白丝袜被视为宫廷贵族的服装，所以这种贵族服装再次流行起来。这是因为原本被压迫的平民，一旦获得了权力，就会开始模仿被自己打倒的贵族。虽然难以理解，但这种事经常发生。

帽子首选礼帽，但是由于脱下的时候又大又碍事，于是设计了看戏用的折叠帽（图 41）。这被称为**歌剧帽**（Opera hat）或**折叠礼帽**（Gibus）。

图 40 保皇党的服装

图 41 歌剧帽

028

维多利亚时代前期的上流社会男士正装

单片眼镜
Monocle

作为绅士的象征，而受到男士的欢迎。佩戴方式是卡在眼窝，但对于面部轮廓较浅的日本人来说很困难。

礼帽
Top hat

在维多利亚时代，被认为是最正式的帽子。

晚礼服
Evening coat

晚会时穿的长外衣，黑色或深蓝色的双排扣样式是最正式的。之后晚礼服会发展成燕尾服，但当时是前后都长的款式。

这种晚礼服不是专门用来御寒的，跟西装一样是外套，所以绅士们也会在这下面再穿一件马甲。

礼服手套
Dress gloves

白色或灰色的手套，大多数是布制的，但也有皮制的。不用于白天的正装。

时代

19 世纪前半叶

地域

从英国到整个欧洲

维多利亚时代是一个装腔作势的时代。假装人类自然的欲望，如性欲等都不存在。这个时代的正装非常适合让虚荣的人、死板的人以及高傲的人穿着。

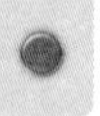

男性的正装

19 世纪前半叶，主插图的长外衣被认为是最正式的晚礼服。然而，到了 19 世纪末，燕尾服成为正装。20 世纪 20 年代，无尾礼服也同样被视为正装。长外衣则在 20 世纪因过于夸张而被废弃（图 42）。

19 世纪 70 年代，无尾礼服作为参加派对的衣服而被熟知，但人们认为这是哗众取宠的服装，或是年轻人才会穿的时髦服装。

男性正装规则是在 19 世纪末到 20 世纪初确立的，至今仍然有效。

表 6 正装规则

	白天	晚间	夜间
上衣	晨礼服	燕尾服	无尾礼服
上衣里面	马甲	马甲	腹带
裤子	西装裤	侧条纹西裤	侧条纹西裤
领带	白领带	白领带	黑领带
帽子	礼帽	礼帽	汉堡帽
手套	白手套	灰色麂皮手套	不需要
鞋子	三接头牛津鞋	歌剧鞋	歌剧鞋

晨礼服

燕尾服

无尾礼服

图 42 男性的正装

029

维多利亚时代的上流社会男士正装

领带

Necktie

到了19世纪中叶，领结已经进化成了领带。朴素的绅士服装里，只有领带才允许使用比较鲜艳的颜色，所以那时上流社会的男性十分喜欢领带。

燕尾服

Tailcoat

后摆较长的外套，源于拿破仑时代的骑马服，当时也被称为Frock，但跟长外衣（Frock coat）不一样。

休闲裤

Smart

这种裤子的特点是与腿型贴合，是时尚绅士的必需品。因为上流社会绅士推崇细长的双腿和合身的裤子。所以他们会嘲笑穿着直筒裤（Trousers）的工人阶级，以彰显自己的身份。然而现在直筒裤才是主流，没有人会去穿这种休闲裤了。

箍筋

Stirrup

为了让腿部显得纤细，绅士们会在裤子下装一条平带，再拉到鞋底，以便拉长裤子。

时代

19世纪后半叶至20世纪初

地域

从英国到整个欧洲

这个时代的上流社会男士分为两类：老式的贵族和新晋的绅士，他们都想表现得很有教养。

丹迪主义的时代

19 世纪是一个摒弃了华丽的贵族时装，形成了现代男装雏形的时代。朴素而有品位的服装，造就了男性的时尚审美意识，这就是**丹迪主义**。

首先，丹迪主义的衣服必须非常合身，与身体的贴合度要很高，不能出现褶皱。制作这样的衣服需要经过精心地剪裁和缝制。乍一看朴素简约，但实际却是非常费心且奢华的衣服。

裤子也是精确测量腿的尺寸后制作而成的，与紧身裤等不同，是用不会伸缩的普通布料制作的，但是非常贴合腿部肌肉。

衣服的颜色多数选择黑色、褐色、深蓝色等比较简约的颜色。此外，衣服还需要浆洗，领带也要打得对称漂亮，整体装扮要服帖整齐。

当时，现代西装还不是正装，上衣和裤子是用不同的布料做成的。一套由相同布料制成的西装于 19 世纪末问世，并在 20 世纪成为商业场合的正装。要是外套和裤子是不同布料做成的，就不能称为西装。

19 世纪末，最正式的外套是**燕尾服**。其次是**长外衣**（Frockcoat，图 43），别名阿尔伯特亲王外套（Prince Albert coat），虽然很常用，但总被认为是夸张、过时的服装。

图 43 长外衣

030

维多利亚时代的上流社会男士便服

圆顶礼帽
Bowler hat

一种骑马用的硬毡帽，也叫博勒帽，呈半球形，是1850年英国发明的。它不像礼帽那么死板，作为一种日常帽子很受欢迎。

马甲
Vest

就算是休闲服装，也要穿马甲，这样才显得体面。

手杖
Cane

手杖是绅士的标配。原本只是穿晨礼服和燕尾服这样的正装才会使用，但这个时代的绅士就算是平时也会随身携带手杖。后来因为伦敦多雨，所以洋伞渐渐取代了手杖的位置。

单排扣
Single breasted

西装前面的纽扣只有纵向一列。

无开衩
Ventless

这是指下摆没有开衩的衣服。原本是家居服或睡衣，所以背后和腋下都没有切口。

时代

19 世纪后半叶至 20 世纪初

地域

从英国到整个欧洲

维多利亚时代，大多数男性都会穿西装。西装的穿着方式可以表现出他们的情绪、立场和当下的氛围，也就是所谓的 TPO 原则。

原本是睡衣的西装

在现代，西装是男性最常见的职业装和商务装，但在 19 世纪中叶，它们被当成了家居服或睡衣。原本被称为西装便服（Lounge suit），是一种在沙发或者安乐椅上放松时穿的衣服。因为方便穿着，在 19 世纪末，作为散步等休闲活动时穿的服装而深受欢迎。放在现代，就像是 T 恤或运动服那样休闲的装扮。

初期的西装便服，外套和裤子是用不同布料制作的。到了 19 世纪末，才出现了由相同布料制成的西装。此后，使用同种布料成了西装的规定。

中下层阶级也常穿这样的西装。但是，平民没有足够的钱买定制西装。所以他们会穿现成的衣服，不过现成的西装裤为了让所有人都能穿上，裤腿做得比较肥大。外套也是如此，这样穿上就不用担心腰围了。

因此，穷人和富人的区别就在于，富人的西装更贴身。

维多利亚时代英国最出名的不是真实存在的人物，而是虚构的人物，那就是夏洛克·福尔摩斯。时至今日，福尔摩斯和他的搭档华生还是拥有巨大的影响力，不仅是众多作品的主角，还会在很多作品中客串出现。看当时的插图，可以发现他们在家休息时会穿西装便服，外出时则穿长外衣。

英国绅士们在穿西装时很讲究，会配上手杖、圆顶硬礼帽、黑色皮鞋等配饰。英国人原本是佩剑的，但是佩剑的时代已经过去了，就用手杖取代了剑。

图 44 夏洛克·福尔摩斯（左）和华生（右）

031

维多利亚时代的上流社会男士运动服

礼帽
Top hat
穿燕尾服，通常会佩戴礼帽。

领结
Bow tie
正装燕尾服需要佩戴白色的领结，如果是娱乐场合，就可以选择其他的颜色。

马甲
Vest
作为绅士，有义务穿上马甲。

燕尾服
Tailcoat
顾名思义，衣服前面的下摆被裁剪掉，后面的衣摆则如尾巴一样伸展开。

单衩
Center vent
燕尾服在后背中央有个切口，这样骑马的时候，下摆就能漂亮地垂下来。

时代
19 世纪后半叶至 20 世纪初

地域
从英国到整个欧洲

绅士和贵族们在骑马时穿燕尾服很适合。此外，也同样适用于骑摩托车。

燕尾服曾是骑马服

现在最正式的服装**燕尾服**，原本是骑马用的运动服。

18 世纪至 19 世纪上半叶，作为正装的长外衣，由于布料太长，骑马的时候衣摆会被卷起来，看上去不够帅气。于是，出现了单衩长外衣（后背中央有切口）。这样一来，衣摆就会垂到马的左右两侧，不会被卷起来。

但是，弯曲膝盖时，大衣前摆也很碍事。因此，人们制作了一种裁掉前摆，后摆开衩的骑马服，这被称为燕尾服。穿着燕尾服骑马时，前摆不会盖住膝盖，看上去干净利落。而且这种燕尾服也比长外衣更好看，因此到了 19 世纪末，就从运动服转变为正装。

图 45 现代马术盛装舞步赛的服装

即使是现在，在马术盛装舞步赛等高级别马术比赛中，仍须穿燕尾服佩戴礼帽（图 45），女性参赛者也不例外。除了角色扮演之外，女性穿燕尾服的场合，大概只有参加马术盛装舞步赛和指挥管弦乐团了。

骑马与不骑马的装束区别在于鞋子穿的是马靴还是歌剧鞋。

燕尾服的下摆如图 46 所示，有方形、圆形、三角形等各种形状，这都是常见的燕尾服。

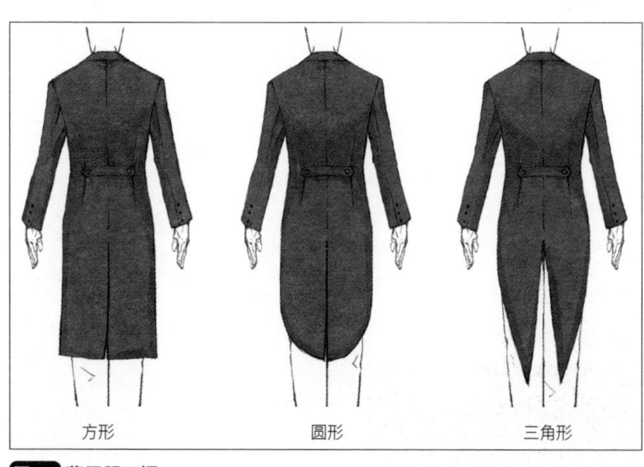

图 46 燕尾服下摆

032

拿破仑时代的上流社会女性

草帽

Straw hat

上流社会的女性也会戴草帽。

羊腿袖

Gigot sleeve

英文的 Gigot 是羊腿的意思，所以被称为羊腿袖，从 19 世纪初开始流行。顾名思义，这种袖子的形状类似羊腿，从肩膀到上臂都会蓬开。图中是短袖的羊腿袖，袖口到手腕部分是可以拆卸的假袖子。

宽松连衣裙

Chemise dress

这是一种棉布质地的薄裙子，不需要穿束腰。因为这种衣服只是薄薄的一层，所以可以很清楚地看到女性的身体曲线。

女鞋

Slippers

到了这个时代，男鞋和女鞋的设计终于有了区分。

时代

18 世纪末至 19 世纪前半叶

地域

从法国到整个欧洲

拿破仑时代是一个男性穿军装展现英雄气概、女性穿柔美衣服展现女人味的时代。所以这个时代的衣服适合给优雅的女性穿。

束腰的消失

在革命期间，女性服装也得到了解放。反人类的束腰和裙撑消失了，女性可以像现代女性一样，直接穿衣服。

当时，不被过去所束缚的自由女性被称为 Merveilleuses（时髦女性）。

她们穿的是一件用非常薄的棉布（对现代人来说是普通衣服的厚度）做成的宽松连衣裙。这种棉布是从英国进口的，法国也因此陷入了贸易逆差。而且，哪怕是寒冷的冬天，女人们也会穿这种很薄的衣服过冬，导致很多人死于肺炎，拿破仑甚至还颁布了棉布禁令（但是他的妻子约瑟芬可以在燃烧着暖气的房子里穿这种棉布）。

这个时代标榜的女性美，是以希腊、罗马女神为范本的。因此，人们开始欣赏女性真实形态之美，而不是像束腰或者裙撑这样禁锢女性的造型。

这一时期女性服装的显著特点是腰线很高，裙子的腰线在下胸围处，显得上半身很娇小。

此时，她们还流行一种叫羊腿袖的袖子，从肩膀到上臂都会蓬开。这种羊腿袖一直流行到 19 世纪末。

拿破仑时代的羊腿袖，蓬开的幅度虽然不是很大，但是在之后的 100 年里变得越来越大，到维多利亚时代，甚至比手臂都要粗好几倍。

此外，在单穿棉布时，为了抵御寒冷，兼具装饰和防寒功能的披巾（图 47），以及骑马服（法 Redingote，图 48）开始流行了。

图 47 披巾

图 48 骑马服

033

维多利亚时代的上流社会女性

细腰

Small waist

这个时代的审美是腰部越细越好。当时的女性理想腰围是 42 厘米，直径只有 13.5 厘米。具体说这种腰围只比 CD 光盘的直径大 1.5 厘米。当然，这样的腰围自然是不可能的，所以女性会用紧身衣等衣物尽量地收紧腰部。

巴斯尔裙撑

Bustle

突出后腰的裙撑。它比起全方位展开的克里诺林裙撑更容易活动，深受女性好评。

短罩裙

Over skirt

又名塔布里埃(法 Tablier)。这种裙子穿上可以看到裙子下面的布料，而里面的裙子则是层层的蕾丝和褶皱，让裙子的视觉效果更加立体。

阳伞

Parasol

在通常情况下，贵妇手上会戴着首饰，在派对上则是会手持扇子，走在外面经常使用的就是阳伞。

时代

19 世纪后半叶至 20 世纪初

地域

从英国到整个欧洲

维多利亚时代的女性，会让人觉得很拘谨。因此，这个时代的服装很适合不想谈恋爱的古板女性。这样的女性要是因为恋爱而脸红的话，没准会让人觉得很可爱。

细腰是美丽的关键

当男性的时尚中心转移到英国时，女性的时尚中心仍然在法国。

19 世纪中叶，一种被称为克里诺林风格（Crinoline style，图 49）的宽大裙子流行了起来。这个时代认为裙摆越大越好，甚至出现了很多大到离谱的裙子。

图 49 克里诺林风格

要是普通的克里诺林裙（和现在的婚纱差不多），还可以勉强地坐在椅子上。但是如果是很夸张的那种裙子的话，女性连正常坐下来都很困难，只能在裙子里放一张没有椅背的椅子坐下。

为了穿上这样一条巨大的裙子，就必须遵循以下荒谬的步骤：周围几个人先帮忙在女性身上套上一个裙撑框架，然后再从上面套上裙子（图 50）。因此，一点都不利于行动。

虽然裙子曾一度宽到让人觉得荒谬，但到了 19 世纪后半期，裙子正面和侧面的鼓起还是有所收敛的，只突出后腰的巴斯尔风格（Bustle style）逐渐流行。日本文明开化的时代，在鹿鸣馆跳舞的女性们穿的就是巴斯尔裙。

用现代人的眼光看，巴斯尔裙不便于行动，但是与克里诺林裙相比还是好了不少。因此深受维多利亚时代后期女性的喜爱。

图 50 克里诺林裙的穿法

034

维多利亚时代的上流社会女性运动服

羊腿袖

Gigot sleeve

羊腿袖是指从胳膊肘往下缩紧的袖子。在动画片《红发少女安妮》中，主人公安妮很喜欢这种袖子，将其称为"泡泡袖"。从19世纪初开始流行，到19世纪后半叶仍深受大众欢迎。

自行车

Bicycle

19世纪上半叶，自行车的雏形诞生了。1961年出现了前轮上有踏板的自行车，1979年才发明了用链条传动来驱动后轮的自行车。

色彩搭配

Color coordinate

骑自行车时的装束，上衣和灯笼裤通常是暗色（深蓝色、黑色、深灰色等），里面穿的衬衫和长筒袜一般是白色。袜子有时候也会是深色的。

灯笼裤

Bloomer

灯笼裤流行于19世纪后半叶，裤子蓬松如同袋子，但会在脚踝的地方扣紧脚部。后来在运动中使用，演变成小腿部分扣紧的款式。与日本的灯笼裤不同，当时的灯笼裤十分蓬松，如图所示。不过，那个时代穿着灯笼裤的女性会被指责没有女人味。

时代

19世纪后半叶至20世纪初

地域

从英国到整个欧洲

维多利亚时代的人们日常并不会穿运动服，他们只会在进行体育运动的时候穿。不过活跃的女性角色会很适合运动服，所以为她们打造运动场景让她们穿上运动服也很普遍。

女性们变得更加活跃

维多利亚时代后期，女性们变得更加活跃。

骑自行车的年轻女性也越来越多，她们骑行时会穿羊腿袖的衣服。另外，参与运动的女性也在增加，像女学生篮球队就是在 19 世纪诞生的。女性们为了更好地运动，用灯笼裤取代了裙子。

灯笼裤是由 19 世纪中期美国女性解放运动家艾蜜莉亚·布卢默传播的。因此，灯笼裤是作为女性解放的轻便服装而诞生的。

灯笼裤原本是穿在裙子里面的，长度到脚踝（图 51）。随后，省去了裙子，长度缩短到了膝盖。这样一来，灯笼裤就被接受为运动服了。

不过直到 20 世纪，灯笼裤才成为流行单品（图 52），女性因时尚需求穿着灯笼裤才被认可。但即便如此，在 20 世纪上半叶，这仍被认为是一种轻浮的行为。

海水浴在 18 世纪末开始流行。最初，人们是为了健康才去泡海水。因此跟现代不同，泳衣几乎遮住了整个身体（图 53）。但是，因为是泳衣，所以她们并不会在里面穿内衣和束腰。并且为了在海滩上换上这套衣服，更是会乘坐专用的更衣室马车来到海岸边，在马车里面换上衣服之后再走入海水中，这样就不会被人看见身体了。到了 19 世纪中期，就没有那么烦琐了，女性们会在海岸边换泳衣，再从沙滩走到海里。

图 51 初期的灯笼裤

图 52 作为时尚单品的灯笼裤

图 53 19 世纪女性的泳衣

035

维多利亚时代的男性御寒用品

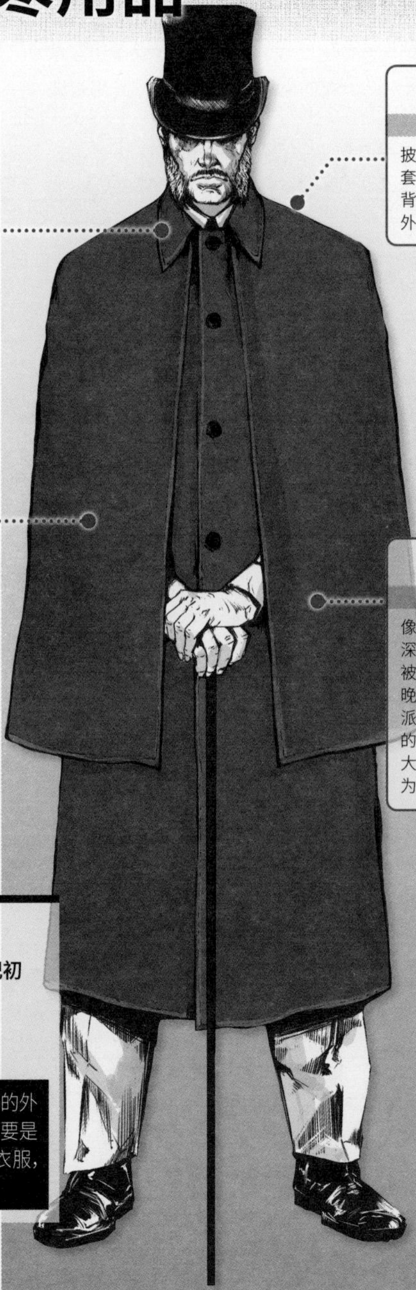

披肩背后

Back body

披肩是指一块布披在外套上。披肩分为缝在外套背部中央的款式和缝在外套肩胛骨两侧的款式。

翻领

Lapels

披肩大衣有的会像插图中一样有这种小翻领，有的则没有领子。披肩自带大翻领被认为更加正式。

披肩

Cape

短披肩能覆盖肩部和背部。现在主要是由女性穿戴，但从中世纪到维多利亚时代，披肩一直是男性服装。披肩部分分为可拆卸和不可拆卸的款式。

披肩大衣

Inverness coat

像插图中这样的黑色或深蓝色的素色披肩大衣被视为正装的一种，穿在晚礼服外面，很适合参加派对。但是，福尔摩斯穿的那种格子图案的披肩大衣是休闲外套，不被认为是正装。

时代

19 世纪后半叶至 20 世纪初

地域

从英国到整个欧洲

在寒冷的欧洲，穿上冬天的外套，就能体现出季节感。要是雪天还穿跟夏天一样的衣服，会显得很冷。

现代外套的诞生

维多利亚时代的大衣最有名的应该是夏洛克·福尔摩斯使用的披肩大衣（图 54）。尽管柯南·道尔的原著里没有披肩大衣的描述，但由于在早期的插图中福尔摩斯就穿着披肩大衣，所以直到现在，不论是插画还是电影服装，大部分都是披肩大衣的装束。

披肩大衣是叠穿在外套外面的。里面的外套，有的是有袖子的，有的是无袖的。

福尔摩斯穿的披肩大衣，在外套外面套着一件短披肩，长度到肘部位置，里面穿的外套有袖子。还有像主插图中的披肩大衣，会使用长披肩，将手臂全都盖住。这时里面穿的外套是无袖的。

这在日本也被称为“鸢”。另外，由于无袖的披肩大衣在穿和服时不会影响到和服袖子，所以从明治到大正时期的日本也很流行这种披肩大衣。

维多利亚时代也有像现代一样没有披肩的大衣。通常是穿在长外衣的外面，因此也被称为 Overfrock（图 55）。它和里面穿的长外衣一样，是单排扣（Single breasted，只有一排纽扣）和缺口领（Notched lapel）的款式（上班族 096）。当然，也有双排扣（Double breasted，有两排纽扣）的款式。

战壕风衣（Trench coat）在 19 世纪末已经诞生了，不过并不普遍。在第一次世界大战（1914~1918 年）被英国军队用于防寒，因为实用，受到了退伍军人的青睐。

图 54 福尔摩斯穿的披肩大衣

图 55 Overfrock

036

维多利亚时代的女性御寒用品

软帽

Bonnet

由柔软的布制成的帽子，会用绳子固定在下巴上。在 18 世纪，这是已婚者佩戴的帽子。到了 19 世纪，年轻女性也开始使用。其中用漂亮丝带系到下巴上的软帽，深受年轻女性喜爱。现代则用于歌德萝莉的服装。

花呢格纹

Tartan Check

19 世纪中期左右，最流行的是花呢格纹，其次是条纹。在披巾上也会使用同样的图案。

高领

High cut collar

为了防寒，大衣通常是高领的。

宽松后背

Loose back

当时女性的裙子又大又蓬松，而且每条裙子的蓬松程度也有所不同。因此，会在大衣的后背部分加上褶皱，以便搭配裙子。

时代

19 世纪后半叶至 20 世纪初

地域

从英国到整个欧洲

维多利亚时代，越来越多的女性会在寒冷的冬季，甚至是下雪的夜晚外出。因此，她们需要时尚的御寒用品。例如，大衣和披巾就很适合雪天。

上流社会的女性也经常外出

在维多利亚时代之前，上流社会女性的活动范围基本仅限宫廷，即使外出也会坐着马车直达目的地，所以她们没有正式的御寒用品。

19 世纪中期之前，披巾（Shawl，图 56）一直是常用的御寒用品。天气冷的时候，会使用又大又厚的披巾防寒。

到了 19 世纪下半叶，人们开始使用像主插图那样有前襟和袖子的大衣，这被称为 Paletot（法）。只是在这个时代，裙子被克里诺林裙撑和巴斯尔裙撑撑大了，所以外套的下摆也需要随着裙子扩大。因此，这种大衣上半身会贴合身体，但下半身的后摆则会大幅扩展开来。

另外，没有袖子的披肩也经常被使用（Cape，图 57）。只能覆盖上半身的短披肩，不能盖住手，所以这种装扮会搭配着手笼（Muff）一起使用。不过因为长披肩甚至可以长到覆盖裙子，所以不需要用这样的手笼。虽然穿这样的衣服不能伸手很不方便，但这样的女性外出会有女仆陪同，是不会有问题的。

图 56 披巾

图 57 短披肩和手笼

037

女仆

连衣裙

One-piece dress

这款裙子来源于农民女性穿的工作服，女仆常穿的是黑色或深蓝色等暗色连衣裙。

袖子

Sleeves

因为袖子容易脏，所以戴上假袖子，方便更换。

光着手

Bare hands

戴手套意味着不做家务。富裕家庭的女性戴手套是因为她们不做家务（在家里也会戴手套），而做家务的女仆则不戴手套。

女仆帽

Headgear

女仆会戴白色的帽子。帽子的大小和形状各异，但一般负责清扫的女仆帽子会更大。例如，负责洗衣的女仆就会戴暴民帽（Mob hat，下图）完全遮盖头发。

围裙

Apron

围裙就像是女仆的制服，所有女仆都会戴围裙。不过围裙也有分大小，负责清扫的女仆通常会戴大围裙。

时代

19 世纪后半叶至 20 世纪初

地域

从英国到整个欧洲

在很多作品中都能看到女仆，但很少有作品能正确地描述女仆。因此，正确地刻画女仆应该会让人耳目一新吧。

存在阶级差异的女仆世界

做家务的女性在中世纪之前就已经存在了，其中最著名的是维多利亚女仆。维多利亚时代的英国有很多女仆，是下层阶级的女性们非常珍贵的工作。

维多利亚时代之所以有这么多的女仆，是因为 1777 年要对男仆收税，雇佣女仆会更便宜。

女仆按照从上到下的等级，可依次分为：女管家（House keeper）、贴身女仆（Lady’s maid）、家庭女仆（House maid）。

女管家是女主人的代理人，不管已婚还是未婚，都会被称为“夫人”。有时也会被翻译为“女仆长”或“女仆头”。另外，她们穿的是普通的服装，而不是女仆装。这是因为她们有时会作为代理拜访他人，而且她们也不需要动手做家务。

贴身女仆是女主人专属的仆人，负责女主人的日常需求。有时也会被翻译为侍女。她们的围裙较小，大概是因为她们的主要工作并不容易弄脏衣服。

家庭女仆的分工如表 7 所示。在家庭女仆中，客厅女仆很受重视，因为经常出现在主人和客人面前，所以会选择外表比较好看的女仆。育婴女仆对孩子的人格形成有很大的影响，所以她们的品德也被认为很重要。

除此之外，还有在厨房工作的女仆。有厨师（Cook）及其下属的厨房女仆（Kitchen maid，负责饮食），洗碗女仆（Scullery maid，负责洗碗）。

在厨房和其他地方工作的女仆（学徒）被称为杂务女仆（Between maid）。

此外，在只能雇佣一个女仆的地方工作的女仆，因为要负责所有工作，被称为“Maid of all works”（负责所有杂务）。

表 7 家庭女仆的分工

名称	英语	工作
客厅女仆	Parlour maid	负责客厅
卧室女仆	Chamber maid	负责卧室
育婴女仆	Nursery maid	负责照顾小孩
蒸馏室女仆	Still-room maid	负责食品仓库
洗衣女仆	Laundry maid	负责洗衣服

早期的女仆没有专属的服装，但为了区分女主人和女仆，人们制造了女仆装。女仆必须自己准备女仆装，这就意味着，过于贫困买不起女仆装的阶层甚至无法成为女仆。

现在女仆咖啡馆里女仆穿着的花边蓬松短裙，也就是所谓的女仆装，被称为“法国女仆（French maid）”，诞生于 20 世纪 80 年代。当然，真正的法国女仆是不会穿成那样的，但是有些充满偏见的英国人把所有含有性色彩的事都命名为“法国的”。

038

女家庭教师

假领子

Detachable collar

女家庭教师一般比较贫困，而且没有什么替换的衣服。因此很多人会使用假领子来防止衣服弄脏。不戴围裙是因为她们的自尊心不允许，但使用假领子是因为其在贵族的服装里也会出现。

简单的长袖

Simple long sleeves

女家庭教师不能让人产生性幻想。因此，为了减少皮肤的暴露，她们喜欢穿长袖。但又不能过于时髦，所以袖子不会用当时流行的羊腿袖，而是简单的细袖子。

没有围裙

No apron

女家庭教师始终是淑女(上流女人)。所以不会穿女仆那样的围裙。

A 字裙

A-line skirt

维多利亚时代的淑女们会穿着带着裙撑的蓬松裙子，但是因为要照顾孩子，有时候甚至会被迫做缝纫工作的女家教，不得不穿一条和女仆没有什么区别的裙子。

时代

19 世纪后半叶至 20 世纪初

地域

从英国到整个欧洲

女家庭教师通常是朴素的年长女性。但服装设计让貌美的女家庭教师的新形象显得既少见又有趣。另外，穿着朴素服装的漂亮女士，也别有一番韵味。

无法结婚的剩女

女家庭教师 (Governess) 是指住在富裕家庭里工作的女性家庭教师。在当时英国的上流及中产阶级家庭，女家庭教师会负责小孩子的教育，教授孩子阅读、写作和基本教养（算术和音乐）。

当时的英国因三大原因导致未婚女性增多。

- **男性死亡率高**：原本男性就更容易死于疾病，再加上战争导致年轻男性的死亡。
- **移民海外的男性增多**：离开英国前往殖民地工作的男性增多。
- **上流及中产阶级的晚婚化**：结婚要花很多钱，所以人们希望积累经济实力后再结婚，晚婚现象在这种环境下逐步发展。

在那个年代的道德观念里，人们认为上流及中产阶级的女性不应该工作。女性工作意味着是下层阶级，唯一能让上流及中产阶级的女性保持体面并且能够工作的职位就是女家庭教师，所以当时有大量的女性都在寻求女家庭教师的职位。

但因求职者过多，导致女家庭教师的就业环境恶化，有很多女家庭教师甚至被迫做女仆的工作，如看孩子和缝纫等。

她们不是女仆，而是家庭的一员，也就是淑女。但她们会像下层阶级一样收取报酬，所以在这个意义上，她们的存在很矛盾。

因此，女家庭教师不能太显眼，尤其是对于一个有单身汉的家庭来说，年轻貌美的女家庭教师是一个很大的问题。虽然没有男性会想跟像女仆一样的下层阶级结婚，但是女家庭教师在名义上跟他们属于同一个阶层，所以想要结婚还是有可能的。

当时雇佣女家庭教师的潜规则就是不能太漂亮。因此，女家庭教师会穿着黑色或深蓝色等朴素过时的连衣裙，让自己显得土气，来让招募的家庭放心。

表8 女家庭教师教授的内容

科目	解说
英语	基本科目。对英国人来说是母语，是必要科目。
法语	基本科目。当时的文化是用法语表达，所以上流社会人士必须会法语。
音乐	基本科目。音乐是上流及中产阶级妇女的基本教养之一。
数学	有时会教授未被辅导的小男孩基本的计算。
绘画	绘画是仅次于音乐的基本教养。
拉丁文	虽然没有人会将拉丁语作为母语，但有教养的人还是需要会拉丁语。
舞蹈	为了参加舞会，必须会跳交谊舞。

039

拿破仑时代的士兵

礼服

法Habit

类似现代晨礼服的外套，不过背后是方形的。翻折后，下摆较细，看起来像燕尾服一样。

马甲

法Gilet

在英语中被称为Waistcoat。口袋是装饰用的，不能容纳任何东西。

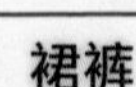

裙裤

法Culotte

革命时期最常见的裤子是下摆到脚踝的庞塔龙，但拿破仑皇帝恢复了贵族的装扮，所以裤子就变成了裙裤。不过，这种裙裤比洛可可时代的要长，甚至有到膝盖以下的长度。

绑腿带

法Guêtre

裹住小腿，使裤脚不会被缠住而妨碍行动。另外，它还能防止裤子被弄脏，以及长久站立造成的腿部瘀血。直到第二次世界大战，士兵们穿着军服时都需要绑上绑腿带。

时代

18 世纪末至 19 世纪前半叶

地域

从法国到整个欧洲

最华丽的士兵就是法国大陆军的士兵。要是想让军队看起来很华丽，可以将他们作为参考。

华丽的法国陆军

拿破仑时代，法国陆军士兵的服装十分华丽。

骑兵被称为骠骑兵（法 Hussard），穿着一件名为多曼（法 dolman，图 58）的上衣，衣服上带有肋骨状的饰物。

步兵分为精锐的掷弹兵（法 Grenadier），进行游击战的腾跃兵（法 Voltigeur，选拔步兵），以及普通的步枪兵（法 Fusilier，枪兵）等。掷弹兵戴着有红色装饰的帽子，腾跃兵戴着有黄色装饰的帽子。这是红色代表强势形象的来源之一，同时也影响着现代动画。

将军的打扮更华丽（图 59）。无论是礼服还是帽子，都是用金丝缎镶边的，与一般的军官和士兵有着明显的差异。因为将军需要用更引人注目的装扮鼓舞全军。

如此华丽又强大的法国陆军，常常以欧洲最强自居，自称大陆军（法 La Grande Armée）。全盛期的军队规模达到了 70 万人（包含同盟国的军队）。

法国的敌国，如英国和普鲁士等，他们的军队也穿上了类似的军服，但不如法国那么华丽。

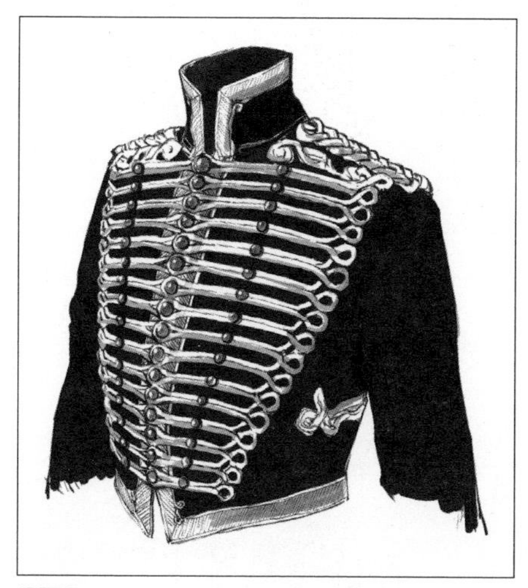

图 58 多曼

图 59 将军的礼服和帽子

040

英国皇家海军

三角帽
Tricorne

它折叠着左右和后边的边缘，从上面看它是一顶三角形的帽子。直到18世纪后期，陆海军军官都喜欢戴。

军官
Officer

即使是最大的，能容纳800人的船上，也只有大约15名军官。

海军
Seaman

海军们穿着名为庞塔龙（法 Pantalon）的长裤。

皮鞋
Deck shoes

在这个时代，没有运动鞋。每个人都穿皮鞋，形状类似于现代的乐福鞋。海军们原本也是要穿鞋的，但因为经常要爬绳索，所以大部分海军会赤脚。

时代

18 世纪末至 19 世纪前半叶

地域

从英国到整个欧洲

航海冒险故事里，英国皇家海军可以算是其中的佼佼者。所以这样的装束最适合出海的男性们穿着。

光荣的英国皇家海军

英国皇家海军是英国的支柱，它连接着世界各地的殖民地，保证了为英国带来资源的航线安全。

军官是报名制，但海军不一样。招募队会在城镇里抓走年轻男性，强制带到船上。

英国皇家海军中，军官和海军的制服有很大差别。军官的穿着是后摆较长的燕尾服，而海军的穿着是前后一样长的上衣。

另外，在 18 世纪后半叶之前，军官的帽子是三角帽，从 18 世纪末到 19 世纪初，变成了双角帽（Bicorne，图 60），海军的帽子则是礼帽。

再说裤子，军官穿裙裤配丝袜，海军则穿庞塔龙（长裤）。然而，这在 19 世纪初发生了变化，军官也开始穿庞塔龙了（图 61）。

当时比较有趣的习惯是敬礼的方式。与现代不同的是，那时敬礼要将手掌朝向自己（手背朝向对方）。据说是因为不想让对方看见自己布满油污的手掌。

除了英国，法国和普鲁士等国的海军也会穿着类似的服装，不过设计上会有些许差异。

图 60 双角帽

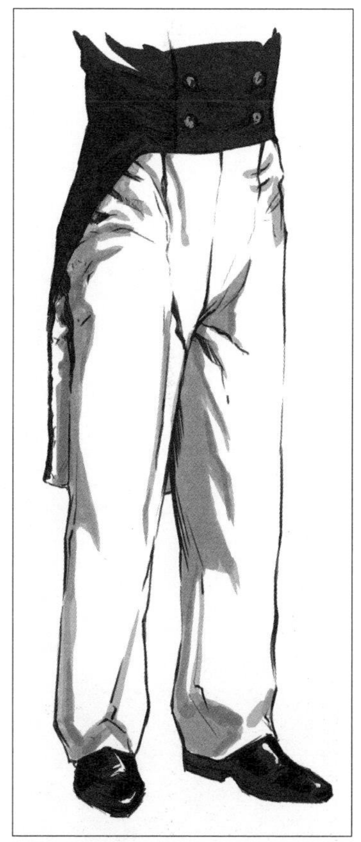

图 61 军官的庞塔龙

041

拿破仑时代的企业家

长柄眼镜

Lorgnette

18 世纪初期，第一副长柄眼镜诞生了。18 世纪初到 19 世纪初，逐步在社会上传播开来。图中是一副长柄的手持式眼镜。

骑马服

法Redingote

英国骑马服（Riding coat）的称呼被用于法语，变成 Redingote。从 18 世纪到 19 世纪初期，不仅被当成骑马服，还作为普通外套被广泛使用。

铃铛

Bell

为了防小偷，外套的口袋盖上装有铃铛，手一伸进去就会发出声音。

袜子

Hose

这不是贵族穿的白色丝袜，而是带花纹的针织袜。

时代

18 世纪末至 19 世纪前半叶

地域

从法国到整个欧洲

这是新兴的工业资本家们。要是想在故事中创造对自己的经营手腕有自信的活跃人物，就可以让这些绅士登场了。因为是有钱人，也适合扮演资助人。

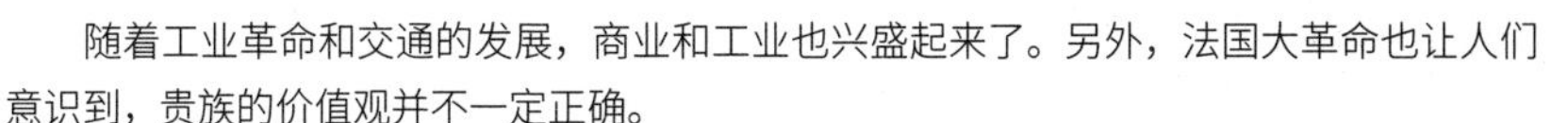

新时代的主角

随着工业革命和交通的发展，商业和工业也兴盛起来了。另外，法国大革命也让人们意识到，贵族的价值观并不一定正确。

于是新的阶级兴起，他们就是地主（经营工商业）出身的工业资本家，被称为绅士（Gentry）。从15世纪开始就作为最下层的贵族领主存在，但没有贵族头衔。然而在18世纪，他们成为企业家，这就是新时代的绅士。

当时法国有保皇党和共和派，大多数时候保皇党都穿着像主插图一样的马裤（Breeches，长度到膝盖左右的裤子）。与此相反，共和党人会穿着七分裤（Trousers），并将裤子塞进靴子里（图62）。

那时现代工薪族的形态已初具雏形，有并不富裕、由平民出身的商人和工匠，还有在企业工作的工程师和办事员等。

他们是贵族没落时代的新主角。虽然憧憬贵族，却又和贵族有明显的差异。他们与贵族的相同点是：住在豪华的宅邸，雇佣众多的女仆，享用奢侈的美食。但他们会开创和经营自己的事业。

贵族的身份是有价值的，所以贵族不会自己开创事业。即便要做生意，也要让下属来做。

相比之下，绅士身份并没有什么价值。他们的价值在于他们创业、赚钱、雇佣人员。

不过，绅士的时尚成了后世的标准，而不是逐渐没落的贵族。主插图就是拿破仑时代的绅士。当时贵族和绅士的服装仍有差异，但到了维多利亚时代，差距缩小，绅士也开始穿着燕尾服和长外衣。

这并不是绅士模仿贵族，而是贵族服装变得和绅士服装没什么差别了。

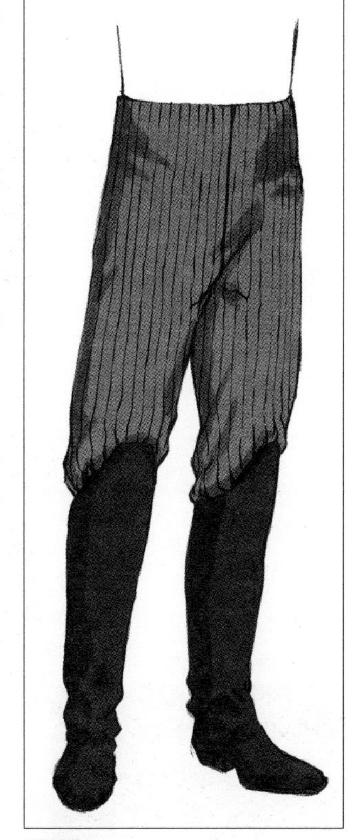

图62 七分裤

042

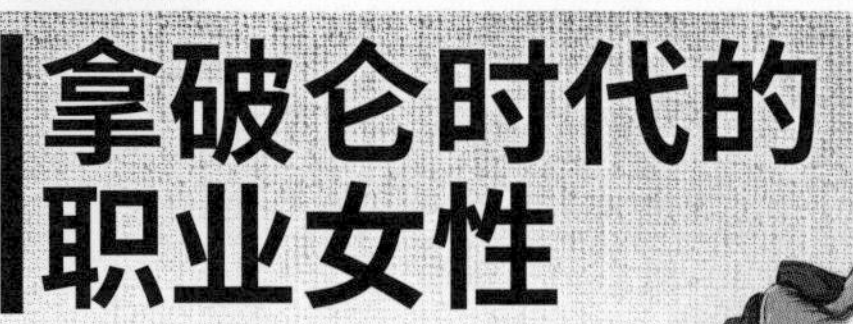

拿破仑时代的职业女性

暴民帽

Mob hat

戴上遮住头发的暴民帽后，再戴上一顶草帽。这是为了不弄脏暴民帽。

罩裙

Overskirt

罩裙是指掀起最外面的裙子，露出里面裙子的服装。原本是平民的装扮，但到了维多利亚时代，上流社会的女性也开始模仿。

花篮

Flower basket

站在路边卖花的姑娘，拿着一个花篮。

围裙

Apron

围裙是职业女性的标志。职业女性包括女仆一般都会戴围裙。

时代

17 世纪至 20 世纪初

地域

从法国到整个欧洲

要想设计一个职业女性，时间最好设定在 18 世纪左右。那个时代要是出现开朗、活泼、性感的职业女性也并不突兀。

短裙

Short skirt

职业女性穿几乎拖地的长裙是很不方便的。因此，她们穿上了能看到脚踝的短裙（在当时被认为是很短的）。

开始工作的女性

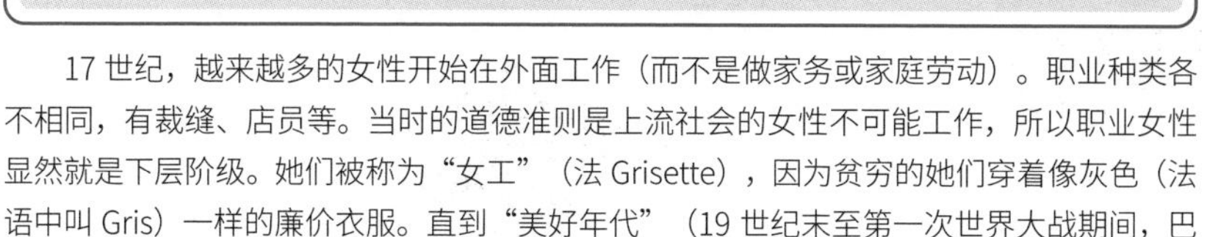

17 世纪，越来越多的女性开始在外面工作（而不是做家务或家庭劳动）。职业种类各不相同，有裁缝、店员等。当时的道德准则是上流社会的女性不可能工作，所以职业女性显然就是下层阶级。她们被称为“女工”（法 Grisette），因为贫穷的她们穿着像灰色（法语中叫 Gris）一样的廉价衣服。直到“美好年代”（19 世纪末至第一次世界大战期间，巴黎繁荣昌盛的时期），她们都是被这么称呼的。

17 世纪的女工只意味着下层阶级工作的女性，但是到了 19 世纪，这个词的意思就变成了“有点性感的年轻女工”。后来工作的女性人数逐渐增加，中产阶级里也出现了职业女性，所以这个词就失去了下层阶级的含义，取而代之的则是“性感”或“讨男人喜欢”。

她们通常从事裁缝工作，制作衣服和帽子，或是成为女店员。偶尔也会从事独立的工作，如卖花。

18 世纪左右，女工开始引起知识分子的兴趣。美丽的女工有时会成为富家子弟的情妇。最著名的女工就是成为路易十五情妇的杜巴丽夫人。

19 世纪，有很多女工成为艺术家的模特。在小说、歌剧和绘画中都能看到她们的身影。另外，因为当时上流社会女性不愿意成为裸体模特，所以美丽的女工作为画家的裸体模特也很受欢迎，很多画家甚至会画同一个女人。

这些女工当然不是只在法国出现，她们也存在于英国、美国和其他国家，在英语中也被直接称为 Grisette。

表 9 女性的工作

工作	解说
女工	在纺织厂纺纱等。
制作内衣	制作内衣，处理花边。因为其他国家的花边是违禁品，所以偷偷处理花边也是工作内容之一。
裁缝	制作衣服。
制作服饰	制作女性的帽子和头饰。
熨衣服	熨衣服。
美发师	修剪头发，烫直头发等。
卖花	在路边拿着花篮卖花。
时装商人	销售衣服、帽子和饰品等服饰的商人。
乳母	代替母亲，给婴儿喂奶。

法国革命派男性

帽徽

Cockade

拿破仑时代，这是用丝带编织成的圆形徽章。现代帽徽则分为刺绣帽徽和纪念章帽徽，添在军帽上来表明是哪个国家。在法国大革命期间，革命派会在帽子上戴上红色、白色或蓝色的帽徽来表明派别，因此成了革命派的象征。现在法国国旗也是由这三种颜色构成的。

自由帽

Liberty cap

代表“自由”的红色帽子。不戴红帽子或没有帽子，就会系上红布或丝带。

骑马服

法Redingote

有单衩的骑马服。除了骑马外，在日常生活中也被广泛使用。

庞塔龙

法Pantalon

很久以前，普通人都像这幅插图一样穿着长裤。然而，受法国大革命的影响，在那之后上流社会也开始穿长裤。

时代

18 世纪末至 19 世纪前半叶

地域

法国

他们是参加法国大革命的普通城市居民，喜欢红白蓝三色的服装，并以成为革命者为荣。这样的装扮很适合塑造那些为理想献身的革命家的形象。

成为时尚主角的市民

在法国大革命前，时尚是由贵族引领的。但因法国大革命导致贵族没落，市民成为时尚的主角。

市民装扮最大的特点是穿长裤，而不是穿像裙裤一样的短裤。裤子像现代一样宽松，不贴身（需要精确的测量和剪裁，适用于上流社会人士）。这种宽松的裤子被称为庞塔龙（在英语中为 Trousers，现在的裤子都是庞塔龙式的）。不过，当时的长裤并不像现代的一样覆盖脚踝，而是类似于现代的七分裤。

鞋子是黑色或棕色的皮鞋，在现代被称为乐福鞋。另外，也有大部分人是穿靴子的。

上衣是骑马服，里面则穿衬衫。这些装扮传播到了上流社会，虽然他们用了更高级的面料和剪裁，但基本设计是一样的。当时还有人佩戴领结（领带的前身）。

法国大革命以失败告终，拿破仑成为法国皇帝。拿破仑退位后，法国恢复了君主专制。军事独裁、君主专制的时代，上流社会又重新拾起了革命前的贵族装扮。

贵族们再次穿起了裙裤，长裤成了只有穷人会穿的服装。由于这是一个战争年代，所以也有将军会穿着军服出现在舞会上。另外，国民自卫军（由雇佣兵，骑士和普通国民组成的军队）的诞生，也让贫穷的士兵在退伍后得到军服，因此会看到他们穿着稍加改动的军服。

不过，市民还是继续穿着之前的服装。再次历经革命后，他们终于成为真正的主角，引领了时尚。这就是在维多利亚时代前期的上流社会男士正装 028，以及维多利亚时代的上流社会女性 033 等中介绍的维多利亚时尚服装。

图 63 领结

044

法国革命派女性

软帽

Bonnet

这是当时最时尚的帽子，是为了保护女性外出时头发不受风雨侵袭。不戴红色帽子（革命派的标志）的话，会缠上红丝带。

帽徽

Cockade

因为是革命派，所以会戴上红色、白色或蓝色的帽徽。

紧身胸衣

Bodice

穿在宽松连衣裙外面的无袖上衣，胸前用绳子系紧，贴合身体。

宽松连衣裙

Chemise dress

宽松连衣裙原本是内衣，但这时变成了轻便的外衣。

短裙

Short skirt

能看见小腿骨的裙子，在当时来说是非常短的。

时代

18 世纪末至 19 世纪前半叶

地域

法国

在法国大革命时期，女性也会参加起义。因此，这样的装扮很适合参加革命运动的活跃女性。

革命女性

革命时期后，女性的服装变得更加简便。特别是加入无裤党（意思是不穿裙裤，由手工业者、工匠、小店主、雇工等中下层市民组成的自发团体，是法国大革命的推动者）的女性们，甚至会挥剑战斗。

变得更加活跃的女性们不再穿拖地长裙。为了便于活动，她们换上了露出小腿的短裙，这在当时便相当于现代露出大腿的迷你裙。

短裙也被称为衬裙（Petticoat）。原本宽松连衣裙是穿在上衣里面的内衣，衬裙是穿在裙子里面的内衣，但是到了这个时代可以作为外衣穿着。女性们脱掉古板的外衣，将内衣变成外衣的现象，在这之后也反复出现了。最近的例子就是吊带衫变成了外衣。

女性上半身穿的紧身胸衣通常是羊毛制成的，但是比较富有的女性有时也会穿着丝质紧身胸衣。

一般的紧身胸衣不会像主插图那样强调胸部，而是会像图 64 那样压住胸部，在穿着上强调胸部是相当有引诱含义的穿着方式。

法国大革命失败后，女性的裙子又变长了，设计也变得更加端庄。另外，由于裙子在胸部下方收腰，会拉长腿部，让身材看起来更好。

图 64 常见的紧身胸衣

045

拿破仑时代至维多利亚时代的男性农民

弗里吉亚帽

Phrygian cap

这是一顶红色三角帽，在古罗马是获释奴隶的标志。革命派在法国大革命期间佩戴这顶帽子，代表他们从奴隶制中解放出来。之后帽子得到了传播，农民也会佩戴。

罩衫

Frock

这不是长外衣,而是17世纪左右，农民和牧羊人穿着的上衣。此外，穿罩衫不适合出现在公共场合。

纽扣

Button

到了19世纪，纽扣也变得非常便宜，农民都能制作带纽扣的衣服了。

时代

18世纪末至19世纪

地域

整个欧洲

到了这个时代，农民虽不富裕，但也能满足温饱。他们的服装也变得体面，不用再打补丁。如果要设计像自耕农一样相对富裕的农民，这样的装扮就很适合。

绑腿带

Gaiter

由布料或皮革等材质做成，绑在小腿上，保持腿部整洁，有助于减少疲劳。

变得稍微富裕的农民们

到了18世纪，被称为农业革命的耕作技术得到进步，让农民的收成变得比以前更多了，农民也开始变得富有起来。但是跟之前一样，他们很少穿着有纽扣的衣服，基本上都是用绳子系起来的。

到了19世纪，纽扣变得越来越普遍，使用多个纽扣的衣服也变多了。另外，鞋子不再像中世纪那样，是没有鞋底的皮袋，而是有着鞋底的皮鞋。

然而，农民干农活时穿的衣服不会那么奢华。工作服是没有扣子的，会用绳子系起来。裤子也一样，不会用皮带或者纽扣。但是鞋子一定要是干净的皮鞋（图65）。

这个时代，从事农业的人大致分为三个阶层。分别是土地所有者的地主，从地主那里租用土地进行耕种的佃农，以及受雇于佃农耕种土地的雇农。

地主是被称为绅士的上流社会成员，不需要耕种土地。

实际耕种土地的是佃农和雇农。不过，佃农也分为很多种。小规模的佃农租借足够家庭耕种的土地，雇佣零到数人来干农活。另一方面，也有佃农租用大片土地，建立大型农场，雇佣众多雇农进行大规模耕种。这种类型的佃农不需要耕种土地，只负责管理农场。

主插图是小规模的佃农，图65是雇农。

※ 上衣胸前的四角形布料是缝在左胸处，并用绳子固定在右胸处。

图65 干农活时的服装

046

拿破仑时代至维多利亚时代的女性农民

暴民帽

Mob hat

女性农民经常使用的帽子，像拉绳袋一样盖在头上。后来在女仆（容易弄脏衣服的岗位）中得到传播。

披巾

Shawl

披巾方便制作又保暖，所以深受女性农民的喜爱。她们虽然用不起羊绒披巾，但寒冷天气时用来防寒的羊毛披巾是必不可少的。为了不让披巾掉下来，她们会把它缠在身体上，绑在背部。这样既能覆盖住大部分身体，又能御寒。

长裙

Long skirt

穿长裙不适合在容易沾泥的田间工作。不过比较保守的女性农民，就算在城市流行短裙（虽说是短裙，但也只是露出一点小腿），也不会放弃能遮盖脚面的长裙。

围裙

Apron

围裙是职业女性的标志，女性农民自然也会戴围裙。

时代

18 世纪末至 19 世纪

地域

整个欧洲

这是劳动妇女穿着的服装。既能防止衣服弄脏，又方便工作，十分适合朴素又温和的角色。

最初的职业女性

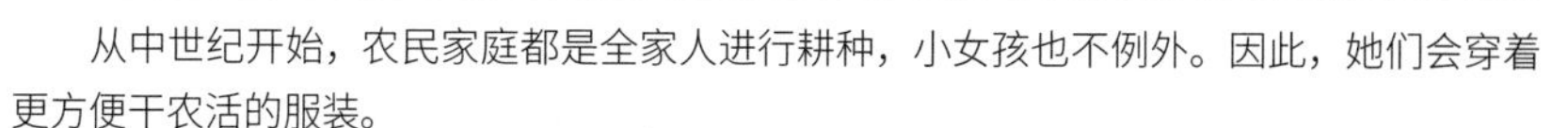

从中世纪开始，农民家庭都是全家人进行耕种，小女孩也不例外。因此，她们会穿着更方便干农活的服装。

到了 18~19 世纪，依旧如此。女性农民穿着长裙，遮住脚面，但不使用像上流社会女性那样的束腰、克里诺林裙撑等累赘的内衣，整体装扮简单。她们会在紧身胸衣里穿衬衫，裙子里穿衬裙（有时会不穿），再在里面穿上过膝的内裤（Drawers，图 66）或者长度到脚踝的灯笼裤（Pantalets，图 67）。另外，从裙子里露出带褶边的灯笼裤裤脚也被视为时尚。尤其是年轻女性，会用这种隐约可见的内衣吸引男性的注意。

18 世纪上半叶流行连衣裙，到了下半叶则换成了衬衫配短裙的装扮。

在主插图中，女性农民为了防寒披上了披巾，并绑到了背部。披巾里面是紧身胸衣配宽松连衣裙的装扮，和法国革命派女性 044 的主插图一样。

19 世纪前后的农民服装可以参考米勒的绘画《晚钟》和《拾穗者》等。这些画作经常出现在教科书中，相信大部分人都见过。

画作真实描绘了女性的穿着，如女性穿着与主插图类似的长裙，还戴着围裙。这有助于大家塑造女性农民的形象。

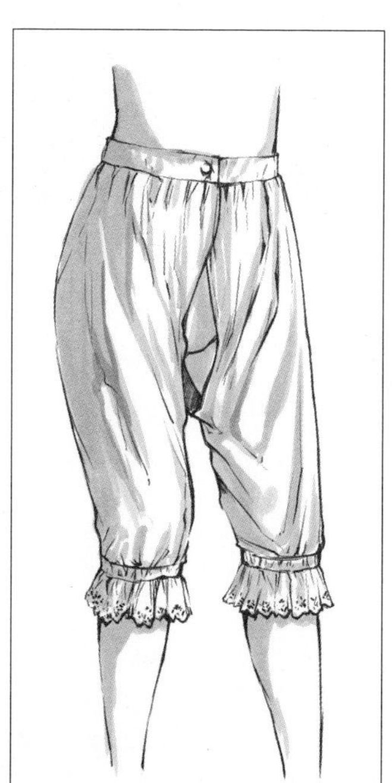

图 66 内裤

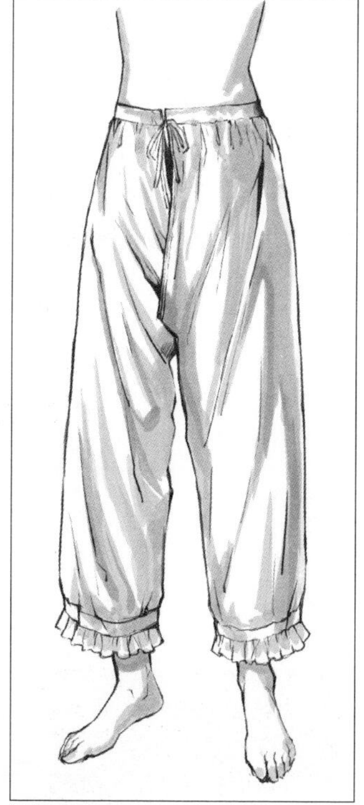

图 67 灯笼裤

047

维多利亚时代的儿童

短款连衣裙

Short dress

10 岁以下的儿童会到处乱跑，所以不能穿长度到脚踝的裙子。因此，她们会穿短款连衣裙。这在现代来看是很正常的长度，但在当时露出小腿的连衣裙是非常短的。

时代

19 世纪后半叶至 20 世纪初

地域

从英国到整个欧洲

19 世纪的儿童更适合以小绅士和小淑女的形象出现。要是想让孩子穿与大人不同的服装，就将角色设计成 5 岁以下的年幼孩子吧。

围裙

Apron

围裙原本是劳动者的标志，但有时为了不让孩子弄脏衣服，也会给她们戴上围裙。后来，这演变成了连衫围裙。

裙子

Skirt

这是小男孩穿的裙子，跟上衣是分开的。虽然也有男孩子穿的连衣裙，但是大部分上下的设计都不一样，看起来像是两件式。

穿裙子的男孩

维多利亚时代前的儿童，要是能顺利长大成人，就会被看成是小大人。由于儿童死亡率非常高，到了一定的年龄段，确认能长大成人，才会进行洗礼等，被人们承认是“人”。中世纪 10 岁左右的儿童或维多利亚时代 5 岁左右的儿童要是去世了，人们也并不认为他们是“人”。

作为小大人，儿童会被要求做和成人一样的事情，衣服也不例外。成为少年后，他们会穿西装便服，戴圆顶礼帽，这跟成年人的家居服和散步装差不多。少女的穿着也和成年女性的家居服差不多。唯一的区别就是内衣，如不使用束腰等。

但是更年幼的孩子，在穿着上是跟成人有区别的。5 岁左右的小女孩穿着的裙子很短，只到膝盖。原本是劳动者该穿的围裙也变成了连衫围裙（图 68），供小女孩穿着。

另外，男孩子会被要求穿上裙装。理由尚未明确，可能是跟男孩的死亡率更高有关系。

儿童的培养方式取决于所在的阶层。

上流社会会雇佣保姆抚养孩子。等孩子长到一定程度，就会在家接受教育，男孩由男家庭教师负责，女孩由女家庭教师负责。

中产阶级的孩子，从小就要在家帮忙。在城市长大的孩子还能上学。

下层阶级的孩子会由哥哥姐姐照顾。他们没有受过教育，10 岁左右就开始工作。

图 68 连衫围裙

048

维多利亚时代的男帽

时代 19 世纪后半叶至 20 世纪初

地域 从英国到整个欧洲

维多利亚时代的男性一定要戴帽子。在伦敦，连流浪汉都要戴帽子。不过根据社会地位，男性所戴的帽子也有所不同。因此，可以通过帽子区分男性的地位。

帽子是绅士的象征

维多利亚时代的男性出门时几乎都戴帽子。不过，帽子有规范，必须和服装相配。要是戴了不配衣服的帽子，就会被认为是不懂 TPO 原则，被人嘲笑。

贵族时代的帽子很华丽，会在上面装饰羽毛。不过这只持续到了维多利亚时代初期，进入 19 世纪下半叶，就不再流行这种华丽的装扮。这是因为维多利亚时代的男性认为朴素的服装才能展现绅士的帅气。

①礼帽（Top hat）：礼帽是这种形状帽子的总称，可以用丝绸或皮革等制成。在日本也被称为丝绸礼帽（Silk hat），这是礼帽中，用丝绸材质做成的帽子的名称。它是最正式的帽子，可以搭配长外衣、燕尾服、晨礼服等出现在正式场合。

②汉堡帽（Homburg）：正式程度仅次于礼帽的帽子。1889 年，当时的英国储君爱德华去德国疗养时，将在德国流行的帽子带回英国，引发了热潮。这种帽子同样可以搭配长外衣、燕尾服、晨礼服等出现在正式场合。

③圆顶礼帽（Bowler hat）：在美国，它被称为德比帽（Derby hat）。这是一顶休闲帽，不适合在正式场合佩戴。不过绅士经常在私人场合使用，如散步或到朋友家做客。在夏洛克·福尔摩斯的故事中，虽然没有在正文里提到，但是插图中的华生医生就戴着这种帽子。另外，它还因被喜剧大王卓别林佩戴而广为人知。

④狩猎帽（Hunting cap）：绅士在打猎时戴的帽子。因为是运动服，所以不适合在正式场合佩戴。另外，这顶帽子也深受中产阶级和下层阶级人士的喜爱。

⑤猎鹿帽（Deerstalker）：这是狩猎帽的一种。作为名侦探福尔摩斯的帽子很出名，但是在城市里很少有人会戴狩猎帽或者猎鹿帽。

⑥贝雷帽（Beret）：这是法国农民戴的平顶帽，在 19 世纪后传播到了其他行业，不过上流社会人士很少戴这种帽子。现在的贝雷帽源于西班牙巴斯克地区，所以和当时的多少有些不同。当时的贝雷帽整体较薄，帽身大于帽边。

⑦探险帽（Pith helmet）：头盔型的防暑通风帽，在南方殖民地等炎热地区，为了保护头部免受热气侵袭而制作的。虽然绅士也会佩戴，但是更受出海的冒险家欢迎。

⑧牛仔帽（Cowboy hat）：美国牛仔佩戴的宽檐高顶帽。两侧帽檐大，便于遮阳。据说牛仔帽是 1865 年由 J.B. 斯特森发明的，起初也被称为斯特森帽（Stetson hat）。然而众所周知，西部最受欢迎的帽子是圆顶礼帽，而不是牛仔帽。

049

维多利亚时代的女帽

时代 19世纪后半叶至20世纪初

地域 从英国到整个欧洲

20世纪初期之前，每个人都会戴帽子或者头饰。因此通过登场人物戴的帽子，可以表现出那个时代的特征。比如在维多利亚时代，最具特色的是女性的软帽。

适合高发髻的帽子

维多利亚时代上流社会的女性们，基本都是高发髻。话虽如此，也不像17世纪那样夸张，还是在能接受的程度。此外，头上会戴帽子等装饰品，不存在什么都不装饰的情况。

原本是已婚人士佩戴的软帽在18~19世纪很常见。年轻女性喜欢不会压垮发髻的高顶草帽，有些已婚人士也会佩戴。

小女孩会戴瑞士帽，为了防止帽子被风吹走，会用绳子绑在下巴上。稍微年长的女孩则会戴帽顶较浅的太阳帽。由于还没盘发，这种高度的帽子也合适。不过时髦的孩子有时也会像父母和姐姐一样戴高顶帽子。另外，还有比幼儿用的瑞士帽更时尚的礼服帽，但是有的孩子不喜欢被当成小孩，所以不喜欢戴。

①软帽(Bonnet)：带黑色花边褶皱的软帽。

②草帽(Strawhat)：用天鹅绒丝带装饰的草帽。因为盘发的女性较多，所以这是高顶帽子。

③ 丧 帽(Mourning hat)：这是参加葬礼时戴的帽子。因为是正装，所以是由布制成的，而不是麦秸等。图中的帽子是由绉绸制成的。

④鸡冠帽(Cockscomb)：形状像鸡冠的丝质头饰。

⑥瑞士帽(Swiss cap)：小女孩戴的帽子，为了防止帽子被风吹走，会用绳子绑在下巴上。

⑤礼帽(Top hat)：女性和男性一样，也将礼帽当作骑马帽。

⑦太阳帽(Sun hat)：不盘发的孩子戴的草帽，帽顶较浅。

⑧礼服帽(Sun hat)：成人版瑞士帽，较朴素，不时尚。

050

维多利亚时代的内衣

时代 19世纪后半叶至20世纪初

地域 从英国到整个欧洲

19世纪，人们认为女性的腰越细越好。因此，要刻画维多利亚时代的美丽女性，需要强调她们的腰部很细，细到现代人难以置信的程度。为了实现这种细腰，她们需要穿上非常离谱的内衣。

努力让腰部变细

维多利亚时代，又开始流行束腰。上流社会的女性不需要工作，她们的职责是在家里照顾丈夫。

当时女性最理想的身材是胸大腰细臀翘，从侧面看是S形。最佳腰围是17英寸（约43厘米）[这只是理想值，因为吉尼斯世界纪录中，女性最细腰围为18英寸（约46厘米）]。为了展现S形身材，束腰是必不可少的。

束腰由于其构造，不方便经常清洗。因此，穿衣时会首先穿上作为内衣的宽松连衣裙，然后穿束腰，再在上面套束腰背心。这样一来束腰就能避免身体和外界的接触，减少清洗次数。

另外，用来扩宽裙子的克里诺林裙撑和巴斯尔裙撑，也可以通过穿在宽松连衣裙外面的方式防止被弄脏。

①宽松连衣裙（Chemise）：一种贴身穿的内衣。领口宽大，便于穿着露锁骨的礼服。

②宽松连衣裙：这种连衣裙是由一整块布制成的，在胸部周围和下摆上有装饰。胸部的装饰通常是折叠布料形成的褶皱。

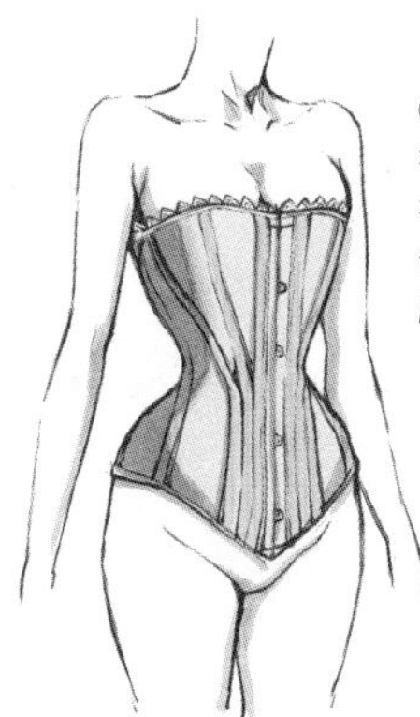

③束腰(Corset)：这是穿在宽松连衣裙外面的内衣。作用是勒紧身体，使腰部变细。所以抱住她们的腰部时，会觉得很僵硬。

④束腰：像这件束腰一样有肩带的款式比较少见。当时的女性会将腰部收紧到让人觉得不自然的程度。

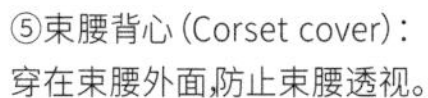

⑤束腰背心(Corset cover)：穿在束腰外面，防止束腰透视。

⑥束腰背心：还有一种大领口的束腰背心，便于穿上露出锁骨的衣服。

⑦克里诺林裙撑(Crinoline)：这是一个用鲸须和铁丝做成的吊钟形框架，穿在裙子里面，让裙子蓬松鼓起(可参考维多利亚时代的上流社会女性 033)。

⑧巴斯尔裙撑(Bustle)：穿在裙子里面提升臀部，让女人的身体看起来像S形的内衣(可参考维多利亚时代的上流社会女性 033)。

051

维多利亚时代的鞋子

时代　19 世纪后半叶至 20 世纪初

地域　从英国到整个欧洲

这个时代的鞋子和现代皮鞋已经没什么区别了。不过要注意不要让角色穿运动鞋，这会脱离时代背景，变得很现代。

皮鞋的诞生

维多利亚时代，皮鞋的制造方式相对完善，可以制造出丝毫不逊色于现代的皮鞋。

男性一般在正式场合会穿有鞋带的皮鞋（歌剧鞋例外）。休闲场合则会穿乐福鞋。不过，女鞋没有这样的规定，女性可以穿各式各样的鞋子。

然而，这个时代有两种鞋子是不存在的。

一种是运动鞋。橡胶底的帆布运动鞋是在维多利亚时代末期，为了当时兴盛的赛艇而发明的。因为在湿漉漉的船上，皮鞋很容易被划花，鞋底打滑也很危险。直到 20 世纪，运动鞋才成为日常用鞋。例如，匡威的全明星帆布鞋就是在 1917 年发售的。到了 20 世纪 50 年代，运动鞋不再是运动时专用的鞋子。

另一种是高跟鞋。虽然跟高的鞋子很早之前就已经有了，但像现代一样，鞋头着地、后跟细长的鞋子是 20 世纪后才诞生的。

在维多利亚时代，不流行鞋跟过高的鞋子。不过鞋跟稍高的低跟鞋被视为时尚。

穿正装时，男鞋有明确的规定，女鞋则没有。

男性穿燕尾服和无尾礼服时要搭配歌剧鞋。穿晨礼服会搭配三接头牛津鞋。不过现在几乎不怎么穿歌剧鞋，牛津鞋才是主流。

①歌剧鞋（Opera pumps）：也被称为宫廷鞋（Court shoes），是搭配燕尾服和无尾礼服等正装的黑色漆皮鞋。在 20 世纪后半叶，逐渐过时。

②直头牛津鞋(Straight tip Oxford shoes):这款带鞋带的鞋子,在覆盖脚趾部位的皮革上有一条横线。男性会在正式场合搭配晨礼服穿着。到了 20 世纪后半叶,越来越多的人会搭配燕尾服和无尾礼服穿着。

③狩猎鞋(Hunting shoes):绅士的爱好之一就是打猎。这种鞋子是打猎时穿的,高度到脚踝,可以防止水和泥飞溅到鞋内。

④骑马靴(Riding boots):骑马是上流社会人士的爱好。作为绅士,自然要有一双骑马靴。

⑤正装靴(Dress boots):男士短靴,形状和正式皮鞋一样,高度到脚踝。这是一款万能鞋,不仅可以在正式场合穿着,还可以在骑马、开车时使用。

⑥路易鞋跟(Louis heels boots):路易鞋跟是优雅的弧形鞋跟,中间凹入。这种鞋跟在 18 世纪用于男鞋,到了这个时代,也可以用于女鞋。虽然当时还没有尖细鞋跟,但维多利亚时代鞋跟在逐渐变高。

⑦歌剧单鞋(Opera slippers):现代高跟鞋的前身。在 18 世纪是男鞋,到了维多利亚时代,变成了女鞋。

⑧绑腿带(Gaiter):绑腿带是指绑在小腿或者缠绕到膝盖的布带。打绑腿带是为了防止女性的脚踝被看到。

⑨晚会单鞋(Evening slippers):女性穿晚礼服时搭配的鞋子。这种现代也会使用的低跟鞋是在 19 世纪出现的。

⑩骑马靴(Jockey boots):女性骑马靴。维多利亚时代,女性也会骑马。但是跟男性的骑马靴相比,女性骑马靴更强调装饰性。

052

维多利亚时代的首饰

时代 19世纪后半叶至20世纪初

地域 从英国到整个欧洲

英国绅士最常携带的物品就是伞和手杖。因此，塑造绅士角色时，可以让他带伞或手杖。

绅士淑女的礼仪

维多利亚时代，绅士、淑女携带的小物品跟现代略有不同。有些是设计不一样，有些则已经过时了。但是对他们来说，携带这些物品是非常重要的。

其中，手杖和伞是英国绅士的标志。手杖是不再佩剑的英国绅士用来代替剑的武器。后来由于英国经常下雨，雨伞取代了手杖。

另外，对腕力有自信的人，也可以练习手杖术（Stick fighting）。在手杖术中，除了用手杖战斗，还能将手杖作为西洋剑使用。因此在当时的电影中，经常能看到用手杖战斗的场景。手杖通常是用藤条等坚硬的植物做成的，不然敲在石板路上或者和小刀交锋时就会断掉。

另外，手杖根据握把的形状可分为几类。

维多利亚时代，男性带雨伞，女性带遮阳伞是因为女性不在雨天外出，就算外出也是坐马车到目的地。女性只会在晴天散步，因此有遮阳伞就够了。

表10 维多利亚时代常用的物品

物品	解说
腰带	腰带是中下层阶级用的，绅士用吊袜带。
手帕	日常使用。高级手帕带花边。
袜子	绅士的袜子（紧身裤袜）及膝。像现代一样长度稍微超过脚踝的袜子被称为半长袜。
耳环	虽然有耳环，但没有需要穿耳洞的耳环。
梳子	当时使用的梳子和现代一样，带有多排梳齿。
粉扑	当时的粉扑又大又带手柄，跟现代的不同，不能装到粉饼盒里。

①伞（Umbrella）：维多利亚时代初期的伞骨是由木头或鲸须制成的，价格昂贵，只有有钱的绅士才能买得起。但是1852年铁伞骨被发明后，逐渐成为主流。

②遮阳伞（Parasol）：女性用来遮阳的伞。因为下雨天不用，所以伞布上带花边。

③手杖（Stick）和握把（Handle）：手杖是由硬木制成的。其握把各不相同，最具代表性的是"礼帽（Top hat）""德比（Derby）""旅行者（Tourist）""兽首（Animal head）"等（图片从左到右）。

④烟斗（Pipe）：与我们印象中的有些不同，烟斗其实是平民的香烟。上流社会人士更喜欢难以加工的昂贵香烟，如卷烟（跟现在一样，用卷烟纸将烟丝卷制成条状的烟制品）和鼻烟（以鼻吸用的烟草制品）。

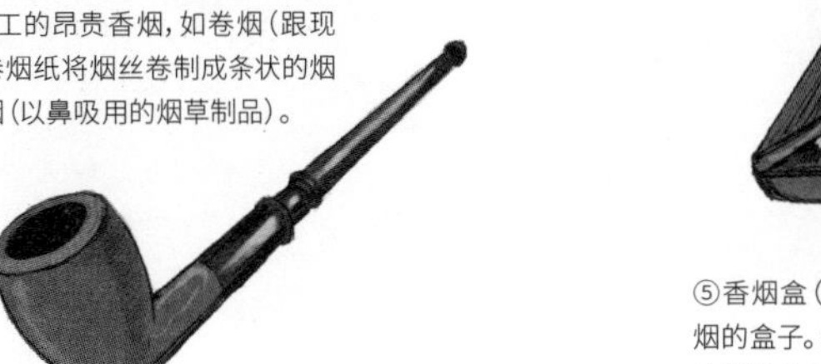

⑤香烟盒（Cigarette case）：用来保存卷烟的盒子。绅士是不会直接拿着出售的烟盒到处走动的，这样太没品位了。

⑥鼻烟盒（Snuff box）：放置鼻烟的小盒子。一些上流社会的烟草爱好者会在这个鼻烟盒上镶上珠宝或精致的镶嵌物，就好像随身带着一个艺术品一样。

⑦怀表（Pocket watch）：维多利亚时代，手表还没有普及，直到20世纪才开始流行。因此，绅士会使用怀表。他们通常会在马甲口袋里放入怀表，并将怀表链固定在马甲纽扣洞里。

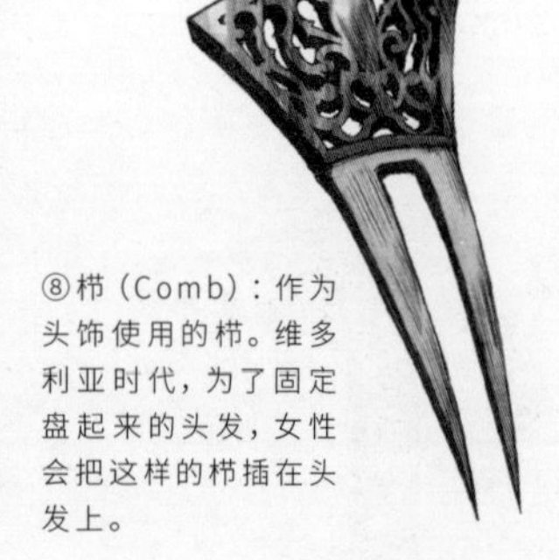

⑧栉（Comb）：作为头饰使用的栉。维多利亚时代，为了固定盘起来的头发，女性会把这样的栉插在头发上。

⑨手提包（Handbag）：在现代，传统的方形皮革手提包很时尚。提手是由皮革包裹木头等材料制成的，坚硬且不易变形。

⑩钱包（Pocket book）：男士用的长款钱包（放入纸币，无须折叠）。这跟现代的长款钱包没有什么差异，但是没有信用卡插卡位。

⑪钱包（Pocket book）：女性用钱包。钱包较大，由硬皮革制成，因为当时的钱包要放到手提包里，而不是口袋里。

第3章

日本宫廷贵族

平安时代至明治时代

长久以来一成不变的宫廷服装

贵族男性正装（束带）
贵族男性正装（衣冠）
贵族男性便服（直衣）
下等贵族男性工作服（狩衣）
贵族女性正装（女房装束）
贵族女性便服（小袿）
贵族女性外出服（壶装束）
斗笠
鞋
贵族的发型

053

长久以来一成不变的宫廷服装

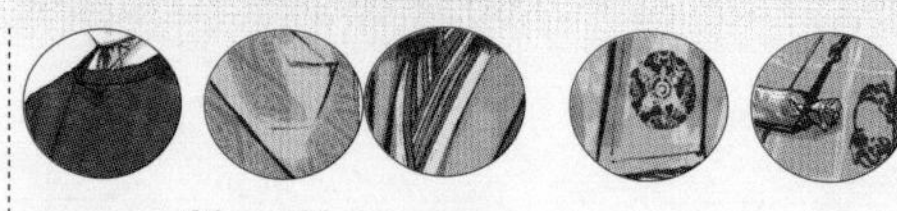

Immovable noble costume

宫廷贵族的礼服

日本奈良时代到平安时代早期的宫廷贵族服装是模仿中国官服制成的。但随着遣唐使的取消和民族文化的流行，宫廷贵族的服装也发生了变化。直到平安时代后期，才确立了流传至今的衣冠束带等正装。

仪式、服装和其他规定被称为有职故实。其中，武士的有职故实被称为武家故实，平安时代，因为等级低于公家，所以武家故实衰弱。镰仓时代，武士掌权后，武家故实才得以发展。另外，不管是武家故实还是公家故实，都有非常复杂和详细的规定，因此有专门负责这些事务的家族。

在日本的等级制度中，天皇拥有至高无上的权力和地位。但镰仓时代开始掌权的武士并没有废除天皇和贵族，而是利用他们的权威为自身的统治服务，使得天皇和贵族虽处高位，却并无实权。因此出于形式，平安时代的仪式和礼仪还是作为有职故实留存下来了，当时的贵族正装也延续至今。

宫廷贵族的服装在平安时代确立后，几乎没有发生变化。到了镰仓及室町时代，服装逐渐变得简约，但基本规则还是保持不变。不过在战国时代（指日本室町幕府后期到安土桃山时代的历史），战乱导致贵族没落，使其变得贫困，也就不讲究服装了。

进入和平年代的江户时代，再次需要天皇和贵族的权威，就开始沿用过去夸张的贵族服装，不过贵族的日常装束变得十分简单。直到现代，在重大的官方活动中，仍在使用几百年前规定的正装。

作为礼服留存下来

宫廷贵族的服装作为礼服和祭服留存下来。因为过于夸张，只能用于仪式，印证了传统仪式完全遵循历史。因此，现在仍在沿用平安时代的礼服。

到了明治时代，在大尝祭等重要的天皇仪式中，仍会穿着平安时代延续下来的装束。不过现代，只有神道的神官、能乐师和相扑行司等特殊职业人士才能穿着贵族服装。

宫廷贵族的服装仅限贵族和特殊职业人群使用，并没有普及武士阶层和平民阶层。

昂贵的丝绸

在日本，从史前时代就开始生产丝绸，因此丝质服装要比欧洲普遍。不过，由于中国产的丝绸更优质，所以进口的丝织品深受贵族和高级武士的喜爱。

不过，进口的丝绸十分昂贵，只能供贵族和高级武士使用。日本产的丝绸则用于相对便宜的衣服和丝绵（丝绸做成的棉）。即便是这样的丝绸，普通民众也用不起。

战国时代之前，日本并没有种植棉花，因此进口的棉纺织品都是奢侈品。不过，战国时代末期，棉花成功栽培后，棉纺织品得到了普及。到了江户时代，棉花在大阪等地被大规模种植，成了连普通人都能买得起的廉价布料。

江户时代之前，平民最常用的纤维是麻。在日本，至少从史前时代就开始栽培麻，因为 1 年之内就可以收获。而且这些布料的强度是棉花的几倍，非常坚固，所以成了穷苦百姓长期使用的纤维。

054

贵族男性正装（束带）

时代

平安时代至现代

束带是宫廷贵族最正式的服装。因此，设计庄严的仪式时，最好让出席的贵族们穿上束带。

庄重但过于沉重的束带

宫廷贵族的装束历史悠久，确立于平安时代，延续至今。然而，这并不意味着从平安时代到现代完全没有变化。从应仁之乱到战国时代，朝廷权威的衰弱导致仪式（朝廷举办）受到忽视，甚至某个时期都忘了装束的规定。但是到了江户时代，人们为了恢复传统的有职故实（仪式和制度，以及举办仪式时的行为和服装等规定）而进行的研究取得新进展，再现了大部分平安时代的服装。现代的有职故实几乎都是在江户时代恢复的，因此从平安时代到江户时代似乎没有什么变化。不过，明治时代之前，可以在朝廷穿着的束带，现在只能用于即位仪式和结婚。

贵族的服装分为好几个等级，从高到低依次为束带、衣冠（贵族男性正装 054）、直衣（贵族男性便服 056）、狩衣（下等贵族男性工作服 057）。等级越低，衣服越朴素。

束带是平安时代确立的贵族官方服装，由冠、袍、袴、石带构成。由于过于繁杂而逐渐遭到废弃，不过在现代的仪式上依旧会使用束带。

冠是指垂缨冠（图69）。在《枕草子》中有过这样的记载：不防水，淋湿会变形。到了镰仓时代后，冠上涂上了更厚的漆，就不容易变形了。

穿衣时，先穿单衣（只有上身的和服，用来当内衣，图70），再穿大口袴（由红色的丝绸制成，图71）和表袴（原本是白色的，但省去大口袴后，缝上了红色的衬里，隐约可见，图72）。之后，穿上下袭（图73），将长裾（图74）绑在腰上拖到后面，最后再穿上袍。

图69 垂缨冠

图70 单衣

图71 大口袴

图72 表袴

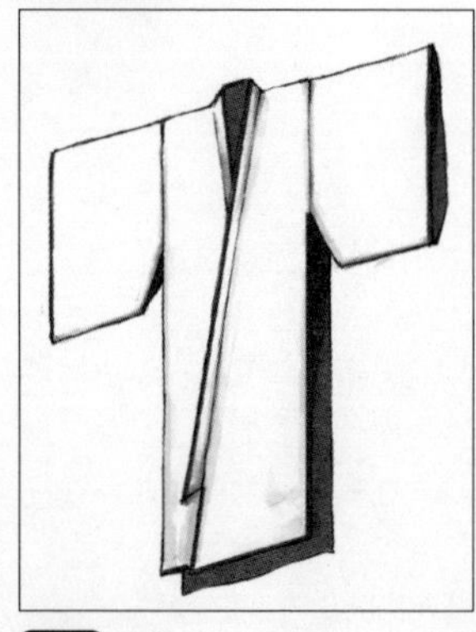
图73 下袭

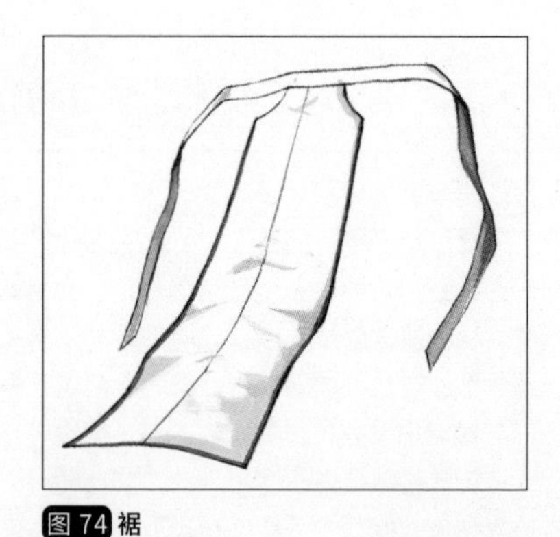
图74 裾

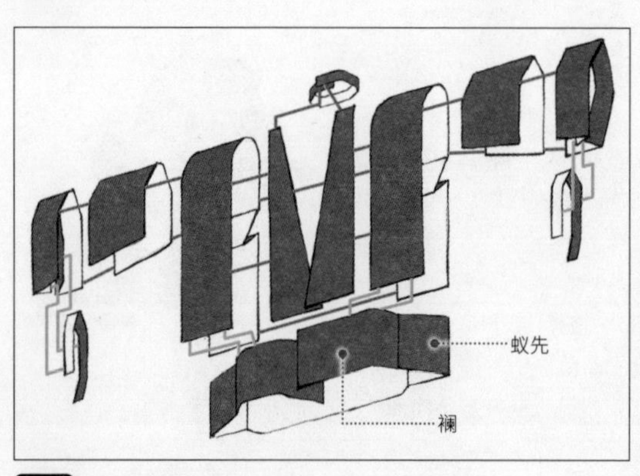

图75 袍的分解图

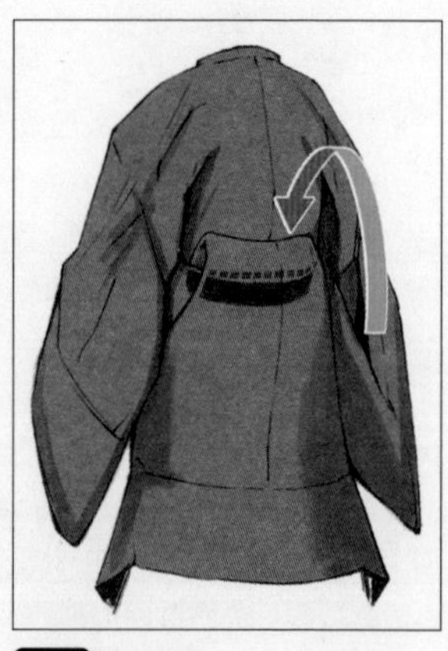
图76 袍的背面

袍是将布料如图 75 所示缝制而成的。因此，布料基本上都是竖向裁剪，只有袍上被称为襕的部分是横向裁剪，所以这部分的图案也与其他部分不同。另外，为了不让襕影响腿部活动，在它的左右加上了蚁先。

袍的领子是圆领，放入了被称为襟纸的细长圆芯。因为放入了纸芯，所以不能清洗（现代放入了能够清洗的芯）。

袍被做得很大，要是太长的话，就会像和服一样折叠得短一点。如图 76 所示，袍的背后制作了被称为格袋的内凹，能将过长的部分叠入，调整长度。

作为官服的袍是按位阶来决定颜色的。表 11 是摄关时代至今的规则。其中，天皇的黄栌染和东宫的黄丹是禁色（不能使用的颜色），其他人使用会受到惩罚。不过也有例外，举办大尝祭的六位官，按照古法穿柚叶色（深黑带绿）的袍。另外，检非违使和弹正台等掌管司法的五位官员穿着律令所规定的浅绯色袍。

袍上会系上一条名为石带（图77）的腰带（主插图上也系着，但从前面看不见）。在被称为本带的部分，装有10块石头，因此也被称为石带。图77斜上方不带石头的部分，被称为上手，系好石带后，会卷起来插在腰带和后背中间（主插图的背面）。

石头也有规定。公卿（三位以上的贵族）在办公事的时候，会使用装有10块巡方（四角形）石的石带，私下则使用装有10块丸鞆（圆形）石的石带。四位以下的公卿，一般都是使用装有10块丸鞆（圆形）石的石带。不过后来，公卿会使用像图77一样，中央装6个丸鞆，两边各装2个巡方的公私通用带。

石头的材质方面，公卿级别以上为白玉，五位以上为玛瑙（石英的一种，有美丽条纹的矿物）、玳瑁（海龟的甲壳）、斑犀（虽说是犀角，但实际上是用牛角代替的）、紫檀，地下（六位以下）为涂成黑色的牛角，不过这也随着时代而改变。

另外，裾太长，在室外就会拖地。因此，外出时会将裾塞进石带里。

表11 袍的颜色

位阶	颜色
天皇	黄栌染（接近土黄色）
东宫	黄丹（接近橙色）
亲王、王一至五位	黑色
臣下一至四位	黑色
臣下五位	深绯色
臣下以下	深缥（深蓝色）
无位	黄色

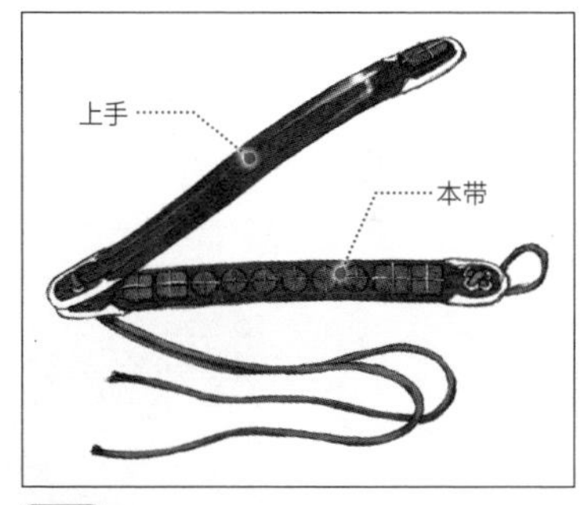

图77 石带

脚上会穿丝绸袜（图78）（足袋的前身，不同点是这种袜子没有分趾），外出时再穿上靴子（图79）。

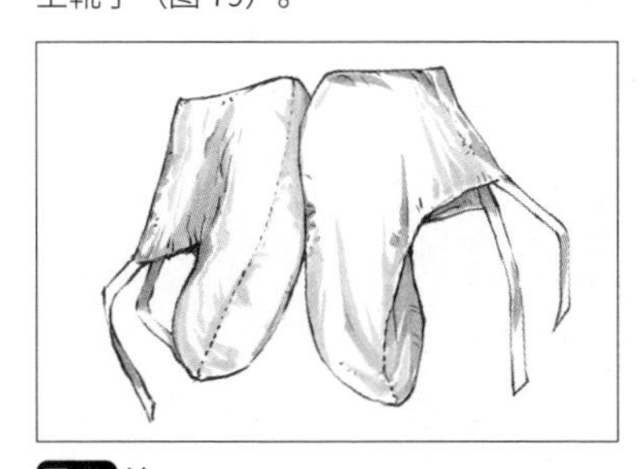
图78 袜

图79 靴

055

贵族男性正装（衣冠）

袍

Robe

起初，与束带的袍是一样的，但由于省略了石带，所以在前面系上了跟袍相同材料的腰带。

垂缨冠

Pendulous crown

这跟束带（贵族男性正装 054）的垂缨冠一样。

桧扇

Juniper fan

穿着衣冠时，会用桧扇代替笏。桧扇是由桧木等薄片叠合而成，最初的用途类似于便笺，不过平安时代后，人们认为空手不太雅观，就被当成了手持物品。

格袋

Lattice pocket

为了隐藏系在袍上的腰带，会用露在外面的格袋盖住。

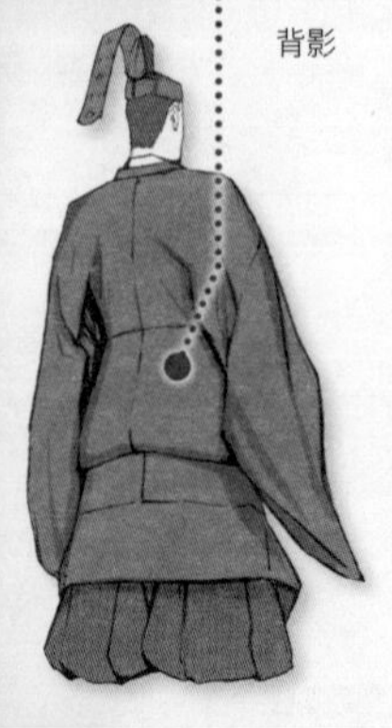

背影

时代

平安时代至明治时代初期

通过地点和服装，就能知道时代。例如，镰仓时代后，才会有贵族穿着衣冠出现在朝廷里。

指贯

Finger-through

类似裤子的袴，长度到脚踝，方便活动。

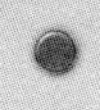

衣冠原本是用来值夜的

束带是进宫时的正式装束，但因过于繁杂，值夜时会很辛苦。出于这个原因，人们制作了值夜时的服装衣冠，也就是束带的简化版。到了镰仓时代，这也能作为进宫的服装使用。

衣冠是由冠、袍、指贯构成。因省略了束带中大部分内衣，衣冠更方便人们活动。虽然衣冠和束带使用的衣服有些许差异，但更大的差别在于穿法和省略的服装。

冠和束带一样，都是垂缨冠。

袍上不使用石带，系上了被称为小纽的腰带。另外，背后的格袋使用方式也不同。衣冠会拉出格袋覆盖端折（图80）。

衣冠变成进宫服装后，袍也变得和束带一样，会根据位阶来决定颜色。

指贯是像裤子一样便于活动的袴，也被称为奴袴。袴前腰的带子会系到后面，后腰的带子则会系到前面。虽然从外面看不出来，但脚上也会系上带子，方便活动。系法分为系在脚踝的下括，系在膝盖下方的上括，用带子拉起裾系在腰上的引上式（图81）。下括是最古老的，源于平安时代。到了近代则流行引上式。

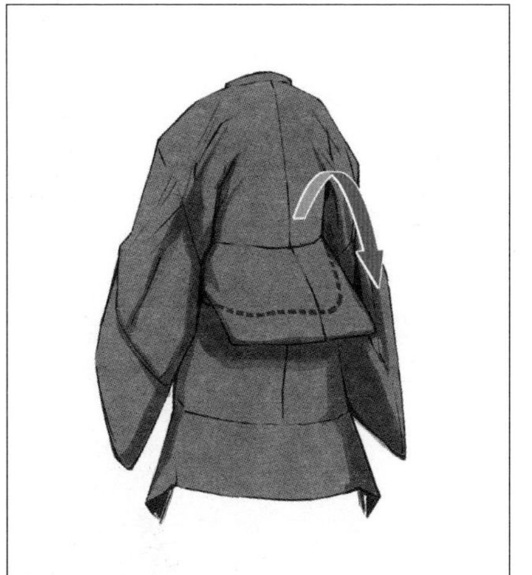

图80 袍的背后

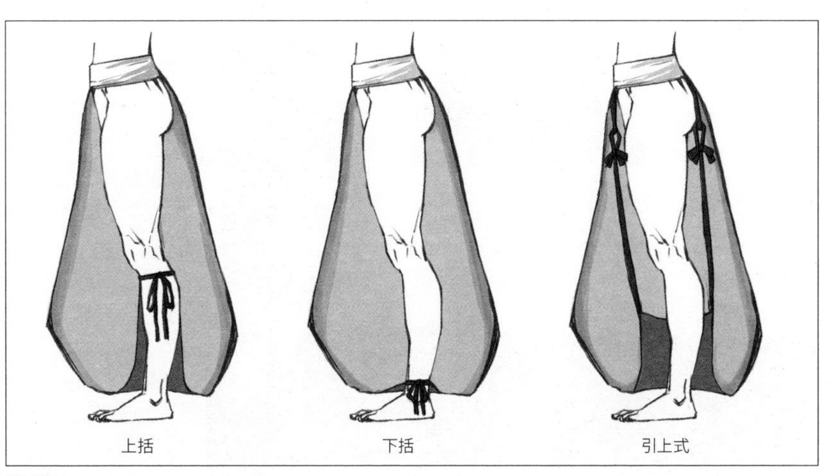

图81 指贯的系法

056

贵族男性便服(直衣)

乌帽子

Silky hat

这不是像冠一样的正式装束，而是贵族日常佩戴的帽子。平安时代的乌帽子很轻，只是用乌帽子内侧的带子系在发髻上（将头发归拢在一起，后变成了髻），后来乌帽子变得越来越重后，就开始用绳子绑在下巴上固定帽子。

蝙蝠扇

Bat fan

穿直衣或狩衣时拿的扇子。这和现代扇子的构造相同，但扇骨较少（大约五根），扇面只有一面。

出衣

Undress

将作为内衣的单衣从袍里隐约露出，这被称为出衣。当时流行这种故意露出内衣的时髦穿法。

时代

平安时代至江户时代

这是贵族的便服，但正因为如此才十分华丽，能够展示贵族的权势。设计让主角或主角的美丽对手穿上进宫，会很养眼。

指贯

Finger-through

这和衣冠的指贯一样。当时贵族的袴里，只有指贯最便于活动。

考验穿着者品位的直衣

直衣是贵族的便服。

直衣和束带一样都包含袍，但由于束带的袍的颜色是根据位阶而定的，因此被称为位袍，而没有颜色规定的直衣的袍则被称为杂袍。

因为是便服，本来在宫内等正式场所是不能穿的。但是，只要有“杂袍宣旨”这个天皇的诏书，就可以穿直衣进宫。也就是说，只有精英才能穿直衣进宫面圣。

直衣由乌帽子、袍和指贯构成，除了帽子跟衣冠没什么区别。因此，袍里也会穿作为内衣的单衣。

直衣跟束带或者进宫用的衣冠不同，颜色上没有规定。因此，袍可以使用华丽的颜色和图案。在穿着朴素的黑色束带、衣冠的公卿中，穿着色彩鲜艳的直衣的公卿就会显得非常醒目和耀眼。《源氏物语》的主角光源氏就是这样出现在朝廷上的，因为张扬好看，受欢迎也是理所当然的。

头上戴着的是立乌帽子，乌帽子在初期是用薄丝绸制成的，但是在平安时代之后就换成涂漆的纸了。它在现代也有用绳子绑在下巴上固定的款式，但原本是用帽子内侧的带子绑在头上的髻上固定的。

穿直衣进宫，头上仍要戴上冠，这被称为冠直衣。与衣冠的区别在于，冠直衣的袍是色彩鲜艳的杂袍，而衣冠则是朴素的位袍。

虽然直衣不是礼服，但日常穿着也不方便，所以在现代几乎不怎么使用。天皇也只会在一些低级别的仪式上穿着。

出衣是指将作为内衣的单衣加长，从袍里露出的穿法。单衣原本是要塞在指贯的里面，但人们认为从袍里露出一点单衣是一种时尚。因此，这种单衣会使用昂贵有品位的布料来吸人眼球。这类似于现代衬衫下摆外露，散漫中带点野性，十分帅气。

另外，虽然穿的是直衣，但在稍正式的场合下，会穿下袭，让裾拖地（采用一部分束带的装束），这就是所谓的“大君姿”。

表12 直衣穿法变化

名称	冠	上衣	单衣	袴	装饰
直衣	乌帽子	杂袍	塞入	指贯	无
冠直衣	冠	杂袍	塞入	指贯	无
大君姿	冠	杂袍	塞入	指贯	下袭
出衣	乌帽子	杂袍	外露	指贯	无

057

下等贵族男性工作服(狩衣)

时代

平安时代至现代

狩衣是下等贵族的便服和工作服。因此，很适合像安倍晴明这样的阴阳师的穿着。

从狩猎服变为工作服的狩衣

狩衣可以单指狩衣，也可以表示狩衣装束。在本页中，会将装束写成狩衣装束，以作区分。

狩衣，顾名思义，是用来打猎的运动服。原本是普通人穿的麻质服装，被称为布衣。不过由于这种服装易于穿着，方便活动，后来变成了贵族的便服。贵族开始穿着后，便出现了丝质狩衣。

之后，它也慢慢用于公事，成为官员的工作服。只是在进宫的时候，还是不允许穿这种狩衣。如果在殿内出现穿着狩衣的公卿，就意味着出现了国家紧急事态，官员连换衣服的时间都没有。

狩衣装束是由立乌帽子、狩衣、指贯构成的。立乌帽子和指贯跟直衣一样。因为狩衣是便服，所以狩衣的颜色没有限制（不过，不能使用禁色）。另外，纯白的狩衣用于祭神（现在也经常用于祭神）。

狩衣背部（躯干部分的布）不是像袍一样用两块布（背部中间有接缝），而是只使用了一块窄小的布料（所以没有接缝）。袖子则只缝在背部，其他地方是敞开的。因此，适合活动手腕，射箭等。

袖口上有绪，袖口碍事的时候可以绑紧收缩。另外，腰带使用的是名为“当带”的共布（从同样的布料中切分出来的布）带子，在前面系上，因此衣服会拉松一些遮挡打结的部分。

躯干的布料只在肩膀后面缝合，其他部分则保持敞开（称为阙腋）。袖子也只在身后相连，因此从正面看，袖子和身体不相连，腋下到下摆是敞开的。这样一来，也能看见里面穿着的单衣。

还有一种比普通狩衣更短的狩衣，叫作半尻（图82）。半尻更便于活动，主要是下层阶级的人穿着。半尻的绪在穿过袖子时会打好几个结，这叫作置括。与普通的绪不同，即使拉动，袖子也不会马上收缩。

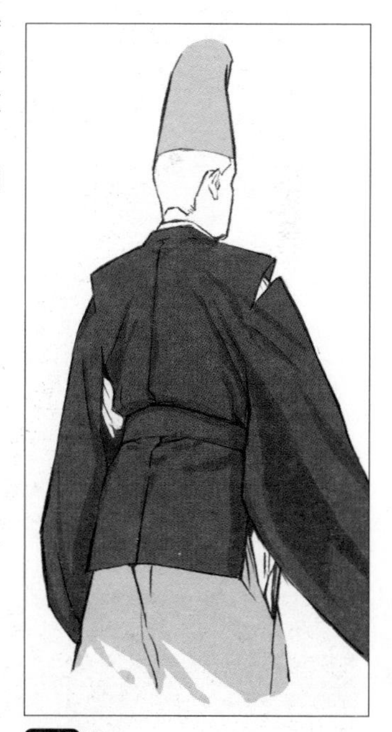

图82 半尻

058

贵族女性正装（女房装束）

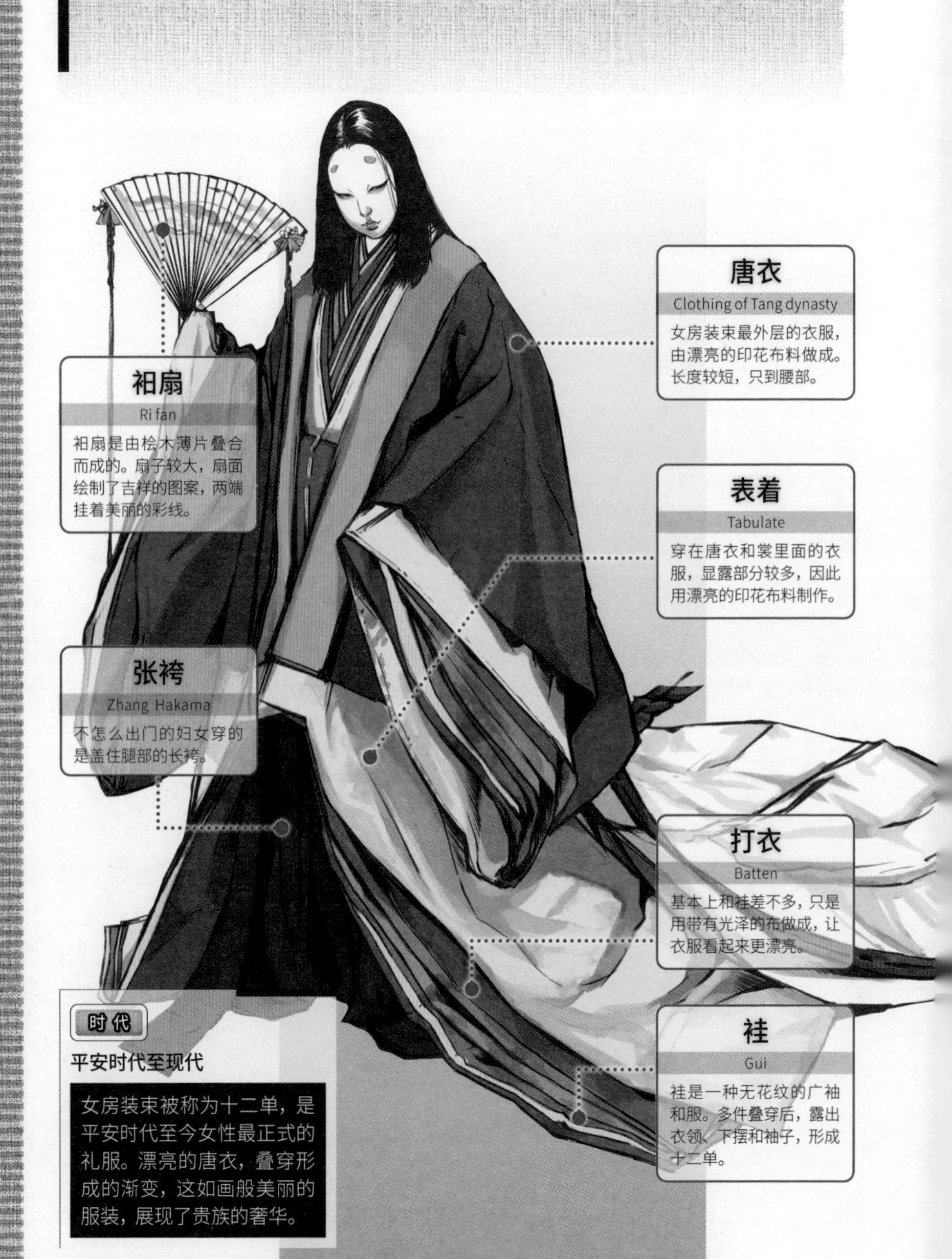

时代

平安时代至现代

女房装束被称为十二单，是平安时代至今女性最正式的礼服。漂亮的唐衣，叠穿形成的渐变，这如画般美丽的服装，展现了贵族的奢华。

叠穿的魅力

女房装束是平安时代朝廷女官们的礼服。别名也叫十二单，但单衣基本只有 1 件，只会叠穿多件袿。不过袿并不一定要 12 件，有时会省略一部分，有时也会增加单衣的数量，使其看起来更加豪华。因此，同样是女房装束，形式也十分多样。

女房装束的服装，基本都是由丝绸制成的。不过，丝绸也有生丝（刚摘下来的丝线，结实但很硬）和练丝（生丝精炼后产生的柔软细线，现在的丝织品大都是这种）之分，手感上有很大差异。用生丝做的丝绸是硬挺的，用练丝做的丝绸则是柔软的。另外练丝的经线比较柔软，生丝的纬线则比较坚韧。此处之外，还有叫纺好的材质。

女房装束需要叠穿多件服装，顺序如下。

首先，最里面穿上小袖（丝绸内衣）和张袴（图 83）。袴有露出脚的切袴和盖住脚的长袴，而女房装束中的袴是长袴。夏天为了让空气流通，会穿硬挺的生丝袴，冬天就会穿纺好袴。

图 83 张袴

接下来穿单衣。单衣，顾名思义，就是没有衬里的衣服。袖长是最长的，从外层的袖子和裾中隐约可见。

单衣外面会叠穿好几件袿（虽然像单衣，但有衬里）。5 件是标准（五衣），但可以穿更多（曾有记载多达 20 件）。为了看清里层的领口和袖子，越是外层的衣服越短，袖子也会越窄。从领口和袖子看到衣服色彩的浓淡和对比，可以展现十二单的华美。

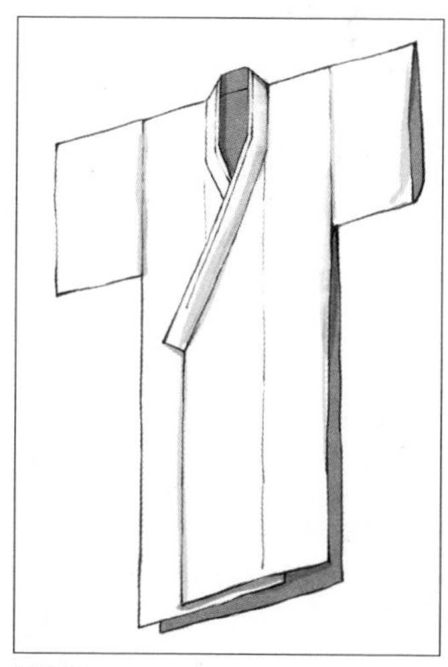

图 84 表着

这种颜色叠加的规则被称为袭色目。人们会根据场景选择合适的颜色，颜色分类如下：同色系下，里层的衣服颜色越来越淡（或越来越深）被称为“匂”，同色渐变被称为“薄样”，故意形成不均匀的颜色被称为“斑浓”，叠穿单衣，透出里层布料被称为“单重”。最具代表性的颜色有春天的薄样“梅重”和冬天的“栌红叶”，庆祝时使用的“红梅之匂”（《源氏物语》中的“玉发”一段中，因紫姬穿这种衣服而闻名）等（表 13）。

表13 颜色例子

袭色目	袿的颜色排列(从外到里)
梅重	浅红梅(接近白色)、淡红梅、红梅、红、浓苏芳(黑红色，接近褐色)、浓紫
红梅之匂	浅红梅、淡红梅、红梅、红梅、浓红梅、青(绿色)
松重	苏芳(黑红色)、淡苏芳、萌黄(黄绿)、淡萌黄、浅萌黄、红
红叶	红、淡朽叶、黄、浓青(深绿)、淡青(浅绿)、红
藤	淡紫、淡紫、浅紫、白、白、白
紫之匂	浓紫、紫、紫、淡紫、浅紫、红
栌红叶	黄色、浅朽叶、淡朽叶(黄中带点红)、红、苏芳、红
色色	薄色(薄紫)、萌黄、红梅、黄、苏芳、红
卯花	外层全是白色，衬里分别是白、白、黄、青、淡青

袿外会穿打衣。打衣是由柔软而有光泽的丝绸做成，大约从11世纪开始使用。

打衣外面则会穿表着。从单衣到表着都是垂领(领口是V字形)广袖，样式相同，但为了展示出里面的和服，越是穿在外面的衣服，袖子和长度会越短。

裳(图85)穿在表着上，从腰部束起。它是由八块横向连接的宽布，做出褶皱折叠而成的。两端装有叫作引腰的宽绳，是用与裳不同的布料做成的。裳的用途是将单衣、袿、打衣、表着全部系起来。高贵的女性，经常会使用金银泥(将金银融于胶水后形成的泥状颜料)花样的地摺裳(拖地)。

穿在最外面的是唐衣(图86)。长度较短，只到腰部。为了展示裳，背面会做得更短。领口是直领，向外翻折。因此，可以看见领口的内衬(为此使用了方便展示的布料)。

然而，到了江户时代，裳的穿法发生了变化，在唐衣上绑上裳被认为是正式的穿法。

此外，女房装束还需要搭配绘扇、袜和靴。

绘扇，是指扇面印画的扇子，通常使用被称为衵扇的桧木扇(木扇)。

袜子如图87所示，图中的袜子是美丽的锦袜，但贫穷的贵族只会穿布袜。

图85 裳

虽然与足袋相似，但是有两点不同：一是由两块布缝制而成，二是没有分趾。因此这种袜子的接缝在脚底，穿起来不太舒服。现在的袜子则和一般的足袋相同，是由一块底布和两块布缝制而成的。

靴是指皮鞋。不过不像现代那样合脚，而是像长靴一样很肥大。

“女房”原本指的是女官的休息室（局），但很快就变成了高地位女官（拥有局）的称呼。女房不需要做家务，主要工作是陪聊，照顾孩子。不过有时会给字写得不好的男主人代笔，有时会代替不擅长和歌的男主人创作恋爱和歌（当时的男女通过和歌来寻找婚姻伴侣）。因为这是份需要高学识的工作，所以主要由中等贵族的女儿担任。

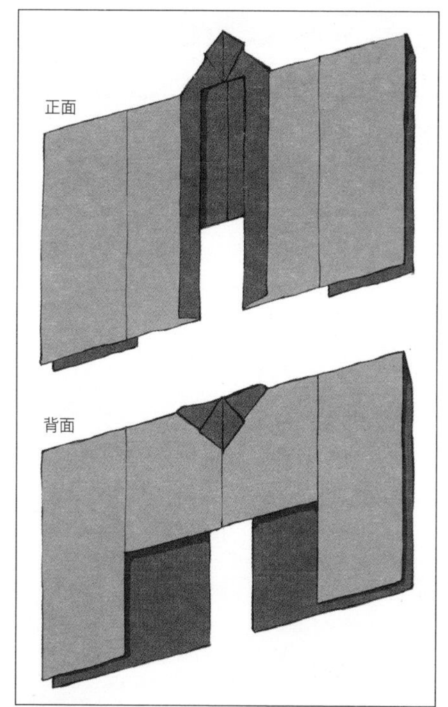

图86 唐衣

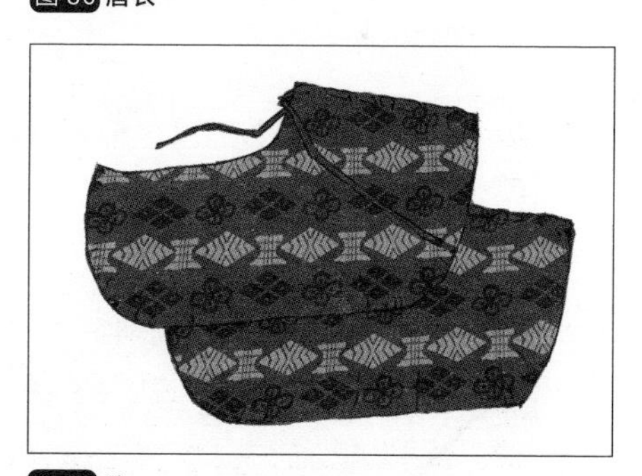

图87 袜

059

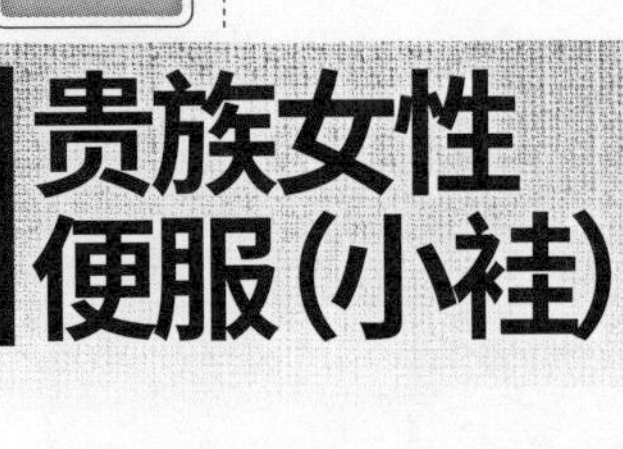

贵族女性便服(小袿)

小袿

Little Gui

与袿的样式一样，但长度较短，只到脚边。由于是穿在最外面的衣服，所以会用漂亮的印花布料来制作。

表着

Tabulate

与袿的样式一样，长到拖地。因为能看见拖地的部分，所以还是会使用漂亮的印花布料来制作。

五衣

Five kinds of clothing

将袿叠穿在一起，不一定是5件，但会这样称呼。

时代

平安时代至明治时代

小袿是能展现轻松氛围的服装。当时，越是大人物，越能穿简便的服装，所以如果女房装束中有一个身穿小袿的女子，那么她就是主人，其余的都是侍女。

张袴

Zhang Hakama

夏天为了散热，会使用单袴（没有衬里）。冬天为了防寒，会使用加了衬里的袴。

地位高才能穿简便的服装

小袿是贵族女性的准正装，用于还不需要穿女房装束，但想表现得庄重一点的场合。此外，它还会被当成后妃的简易礼服。不过，在中世纪日本，同一场合下，越是大人物，越能穿简便的服装。因此，经常会发生后妃穿小袿，侍女穿女房装束的情况。

然而，在镰仓时代后，这种穿法就过时了，直到明治时代才恢复。

小袿有两种解释，一种是比袿稍短一点的衣服，另一种是穿着小袿的整套衣服。

前者的小袿是指比袿和表着还短的和服，只有接近身高的小袖那么长。因为是穿在最外面的衣服，所以是由昂贵的布料做成。

后者的小袿是指从女房装束中，省略裳和唐衣，再披上小袿的穿法。也就是说，会按照小袖、张袴（一般是红色的，因此也被称为红袴）、单衣、袿（叠穿好几件，被称为五衣）、打衣、表着、小袿的顺序穿着（有时也会省略打衣）。为了看清裾和领口的颜色变化，越是里层的衣服越大。

到了江户时代，小袿的长度变得和袿一样。另外，会在衣服表面和翻折的衬里（指故意将衬里折回表面展露）之间，夹上中倍这种与两者不同的布料。那么只需穿小袿就可以看到“衣服表面”“中倍”“翻折的衬里”这三种颜色的布料（图 88）。

图 88 江户时代以后的小袿

060

贵族女性外出服（壶装束）

悬带

Sling

在胸前系上红绳，然后绕至背后打结。这既有宗教意义（去寺庙参拜时谨言慎行），也有实际意义（防止衣领变乱）。

袿

Gui

这和女房装束里的袿一样，因是穿在最外面的衣服，所以是由印花布料制成。另外，可将衣服拉至腰部，调整长度。

悬守

Hanging defense

圆柱形容器，外面包着锦布，两端带绳子，可挂在脖子上。用来放置祈求路途平安的平安符或药物。

切袴

Cutting hakama

露脚的短袴，颜色和普通的张袴一样是红色。

时代

平安时代至江户时代

平安时代，女性很少外出。一旦外出，就表示有急事。壶装束正好能表现女性对待事情的认真程度。

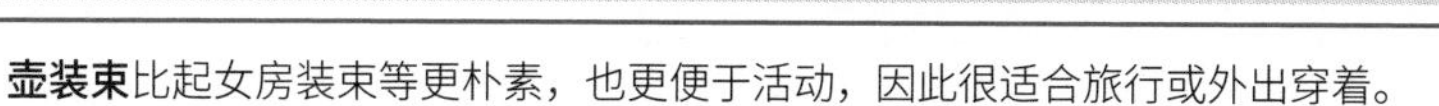

外出服变得简便

壶装束比起女房装束等更朴素，也更便于活动，因此很适合旅行或外出穿着。

穿法是在小袖上穿上袴，再在外面穿上单衣，最后再往上穿一件袿。虽然从现代的角度看还是很厚重，但相比室内穿着的女房装束，已经是非常朴素，便于活动的服装了。

外出时，袿不能拖地。因此，会用缲带子拉起袿到脚踝。

另外，她们会在胸前绑上名为悬带的红色丝带。这原本是用于参拜（去寺庙和神社参拜），因女性外出几乎都是为了参拜，后逐渐成为外出时的必备物品。除此之外，悬带还能在移动时，防止弄乱衣领。悬带的系法是在背后打个单边蝴蝶结（图 89）。

穿这种装束时会佩戴被称为市女笠（图 90）的蓑衣笠。原本是市女（市场的女小贩）佩戴的斗笠，但因为很方便，贵族也开始使用。为了不让人看到脸，女性会在斗笠帽檐上挂上名为虫垂衣的薄布。

镰仓时代，武士掌握实权，导致贵族没落，贵族女性的正装就变成了袿单，这和壶装束几乎一样。

穿法是在小袖上穿上袴，再在外面穿上单衣，最后再往上穿一件袿。根据气候季节，可以相应地调整袿的数量，但袿单不使用缲带子、悬带、市女笠等外出用的小物件。

武士家族女性的正装则会省略单衣，只会在小袖上穿上袴，再在外面叠穿几件袿。

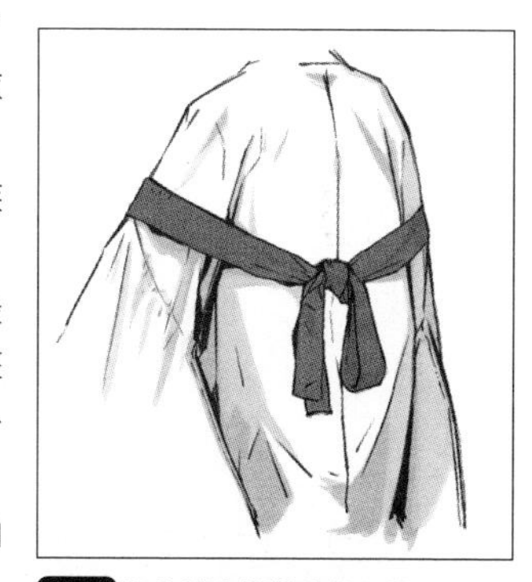

图 89 打上单边蝴蝶结的悬带

图 90 市女笠

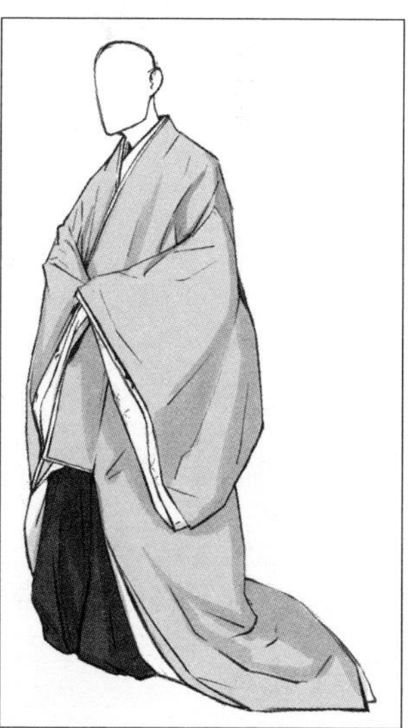

图 91 袿单

061

斗笠

时代 战国时代至江户时代

有时人们需要蒙面行动，这时为他们提供便利的就是斗笠。特别是戴着深斗笠的密探，经常出现在各种作品中。

通过斗笠了解身份

斗笠经常出现在历史剧中，通过斗笠可以了解佩戴之人的身份和地位。要是穿着的服装跟斗笠不相配，看起来会很奇怪。在这里将会介绍，日本贵族和平民会使用的各式斗笠。

①深编笠：也被称为浪人笠。浪人不想以真面目示人时使用，由此得名。密探、刺客、被通缉的武士等也经常佩戴。

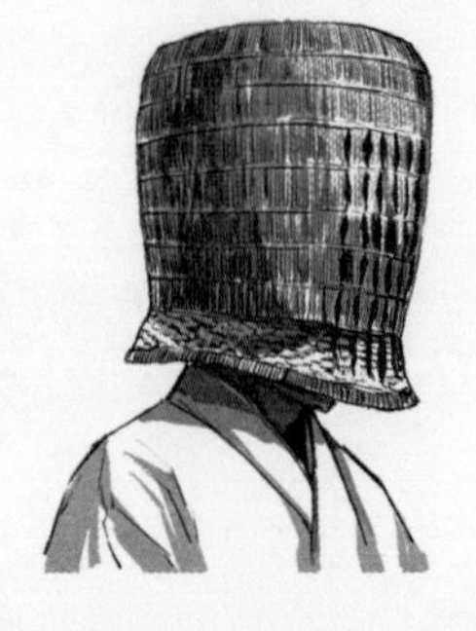

②天盖：禅宗流派之一的普化宗僧侣被称为虚无僧，无须剃发。平日吹着尺八游历化缘。因此，经常被密探用来伪装身份。

③三度笠：原本是三度飞脚（在江户和大阪之间每月往返三次的信使）戴的斗笠，所以被称为三度笠，后来变成了流浪汉使用的斗笠。

④妻折笠：虽然和三度笠很相似，但帽檐却变得更浅了。这是女性旅行时所使用的斗笠。

⑤鸟追笠：这是人们为了驱赶破坏田地的鸟兽时戴的斗笠，所以叫作鸟追笠。

⑥番匠笠：这是在竹骨架上贴上竹皮做成的斗笠。贫穷的农民在干农活时会佩戴这种斗笠。

⑦网代笠：也被称为托钵笠。边诵经边化缘游历的托钵僧和乞食僧，会戴这种斗笠。

⑧菅笠：虽然和番匠笠的形状相同，但它是用蓑衣编织而成的。农民和战国时代的步兵经常佩戴。

⑨市女笠：斗笠的顶上有一个很高的巾子（笠或冠的突出部分）。原本是由市女（女小贩）佩戴，到了江户时代上流社会妇女也开始使用。

⑩一文字笠：顾名思义，从侧面看是平直的斗笠。武士旅行时或陪同诸侯出行时会佩戴这种斗笠。

062

鞋

时代 **平安时代至江户时代**

明治时代之前的鞋，通常是草履和木屐等露脚鞋，但也有像沓一样的包脚鞋。要是穿上不适合的鞋，难得的服装也会变得黯淡无光。

日本鞋

在这里主要介绍贵族和平民穿的鞋子。

提到日本鞋，首先想到的就是草履和木屐等夹脚鞋，但其实很早之前就已经有包脚鞋了。

平安时代人们通常穿像深沓和浅沓那样的鞋，穿上十二单出门的公主也不例外。不过现在只有神职人员会穿。

最典型的日本鞋是木屐、草履和草鞋。

木屐诞生于平安时代，最初也被称为足驮，因雨天穿草履会弄脏脚，所以制作了底部设齿的木屐。原本是男性穿的，但慢慢地女性也开始穿了。由于是平民的鞋子，所以不适合搭配正装。

草履是能搭配正装的鞋子。江户时代之前，草履通常是由灯芯草编织而成，现在则是由皮革和布制成。

草鞋是由稻草编织而成。穿法是将从脚尖延伸的长绳穿过鞋边名为“乳”的环，再绑在脚上。虽然穿脱很麻烦，但因为与脚贴合方便行走，所以是长途旅行的必备品。草鞋是一次性的（扔在路边，稻草会在土里分解），因此很多人会带备用草鞋，每个城镇的街边也都会出售。

①深沓：日本贵族外出（特别是下雨天）时使用的涂漆长靴。武士家族也会用深沓代替浅沓。

②浅沓：涂漆皮鞋。比起深沓，文官更喜欢这种浅沓。

③武者草鞋：有 6 个草鞋耳，便于活动，受到武士的青睐。

④四乳草鞋：有 4 个草鞋耳，是日本最常用的草鞋。

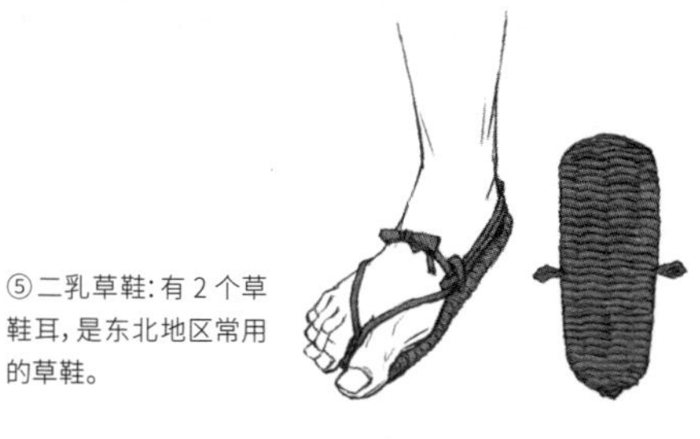

⑤二乳草鞋：有 2 个草鞋耳，是东北地区常用的草鞋。

⑥绪太：草履的一种，草履带特别粗。

⑦日和木屐：不是雨天也能穿的木屐。

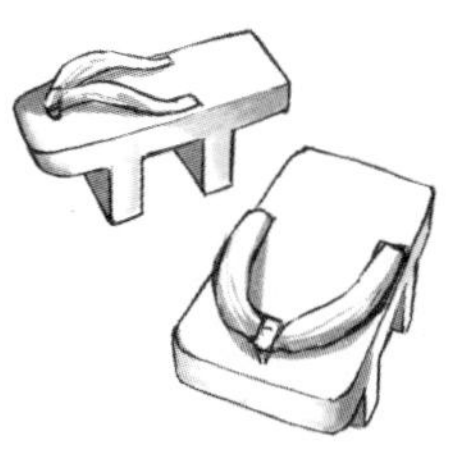

⑧萨摩木屐：方形的宽木屐。

⑨堂岛：贴有草席垫的木屐。

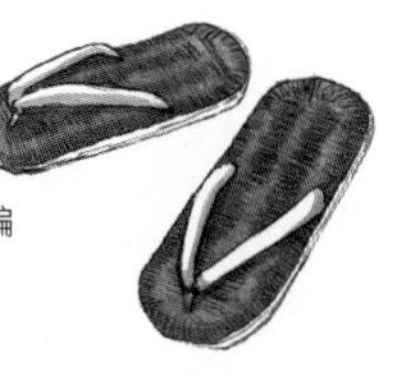

⑩麻里草履：草履上缝了编织的麻绳。

⑪厚底木屐：深受女性喜欢的木屐，没有木屐齿。

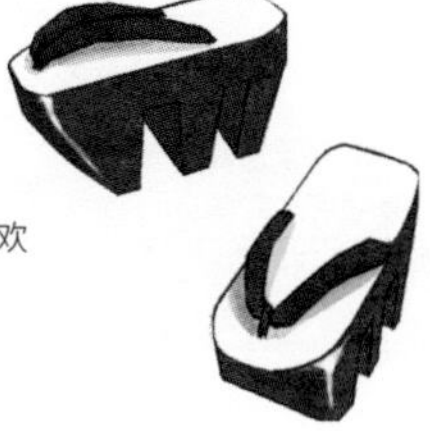

⑫花魁木屐：花魁在花魁道中时穿的三齿木屐。

063

贵族的发型

时代 平安时代至江户时代

贵族（尤其是女性）的发型，基本都不实用。不过正因为不实用，才能展现他们的奢华。

自古以来就存在髷

当时认为女性的头发垂直地披散下来更美，但经常参与政务或战争的男性不得不留更实用的发型。另外，戴冠或头盔等情况也会影响发型。最初的髷就是平安时代确立的，用来固定冠或乌帽子。不过当时不叫髷，而是发髻。

平安时代以后，贵族男性也要戴冠或乌帽子，所以发型上几乎没什么变化。到了江户时代，最大的变化就是男性的发型会让后脑勺的头皮没那么紧绷。

在江户时代，女性也要开始扎髷了。不过在官方仪式上，也只会像图⑤一样绑住头发。

平安时代以后，日本女性就没有扎过头发。最多就是绑一下后面的头发。当时认为垂直披散下来的头发越长越好，为了留这样美丽的发型，众多女性劳心劳力。公主们的头发甚至都跟身高齐平了。

不过有时因为工作也会暂时扎起头发，比如，在平安时代，侍候公主入浴的侍女，因为长发碍事就会用笄暂时扎起头发。

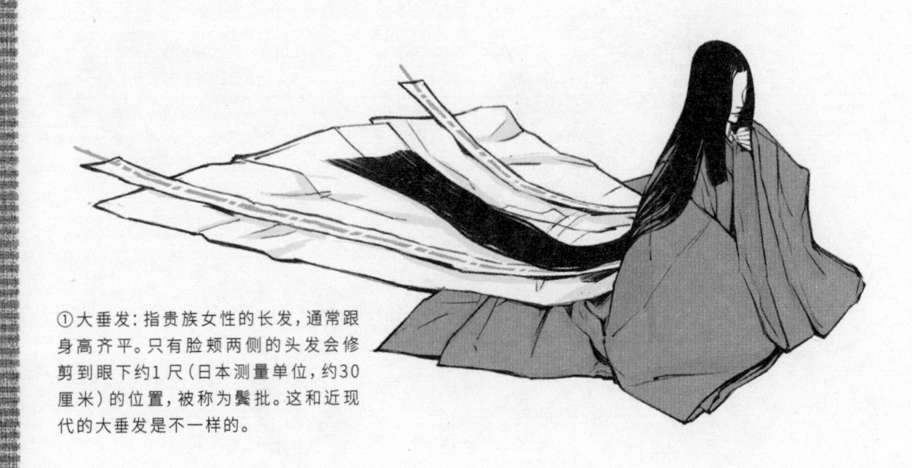

①大垂发：指贵族女性的长发，通常跟身高齐平。只有脸颊两侧的头发会修剪到眼下约1尺（日本测量单位，约30厘米）的位置，被称为鬓批。这和近现代的大垂发是不一样的。

②冠下一髻：戴冠或乌帽子的男性扎的髻。将头发全部梳上去后，用绳子从发根绑住头发，形成一个棒状发髻。

③尼削：贵妇人即使变成了尼姑也不会把头发完全剃掉，而是把头发剪得短一些，让发梢齐平。虽说是剪短，但是长度也有到肩膀或者腰部的位置，在现在已经算是长发了。

④元结挂垂发：年轻女性会用元结将大垂发在后面扎成一束。元结一般是由白麻线制成。

⑤大垂发：室町时代的大垂发，要比之前短一点，用上了假发（付发）。真假发的相接部分会用元结扎起来蒙混过关。

有职故实和衣纹道

所谓有职故实，是指“有知识”的有职（以前写成有识）和“过去的事实”的故实相结合，表示“对过去的事实（先例）有规范的认知”。熟悉这些的人被称为有职者。以前写的是有识者（与现代的有识者不同），但不知什么时候字就变了。

过去的先例并不局限于本书提到的服装知识。也就是说，有职故实是一个非常庞大的知识体系。

像仪式就有各种规定，比如仪式在什么条件、什么时候、什么地方举行？举办仪式时，按照什么顺序进行？如何安排座位？另外，出席的人应该要穿什么衣服？要是弄错了就会被认为不懂规矩，受到轻视。

因此，大多数平安贵族都写了详细的日记，给子孙留下这些信息。他们的子孙也会参考这些日记来准备仪式。千百年前的平安贵族日记留存至今，也与这有关。

实力强大的贵族拥有家传的有职故实。其中最成功的就是藤原道长的御堂流。在此之前，藤原家也有好几个故实，如小野宫流和九条流等。不过道长虽然是九条流始祖师辅的孙子，却是始祖三儿子的第五个儿子，不是继承人。因此，道长在九条流的基础上，加入了妻子和明子父亲传下来的醍醐源氏故实，创办了御堂流。此后，道长的儿子教通成了小野宫流的女婿，成功地引入了其故实。这一策略大获成功，以至于只有御堂流的子孙才能担任摄政关白。

因有职故实的信息过多，后来逐渐分为几个部分。其中掌管服装故实的就是衣纹道。衣纹道在平安时代形成了高仓流和山科流，在镰仓时代达到鼎盛。但是，到了江户时代，贵族经济困难，也就管不上衣纹了。即使是公卿，也没能力制作正统的服装，甚至会去贷衣装（在京都出租黑色束带等的店）借出租的衣服。明治时代由于欧化风潮，衣冠束带等就更少见了。

不过，衣纹道还是流传至今。在天皇即位等宫中仪式上，会依照某一种衣纹道来制作服装穿着。

第4章

日本武士家族

镰仓时代至幕末时代

摆脱贵族服装，成为日本标准服饰

男性武士正装（水干）
男性武士便服（直垂）
男性武士正装（裃）
大奥女性正装
武士家族女性便服（小袖）
武士家族女性便服（振袖、留袖）
武士家族女性婚礼服装（白无垢）
忍者
吉利支丹武士
新选组
男性武士的发型
武士家族女性的发型

064

摆脱贵族服装，成为日本标准服饰

Japanese standard dress code

武士的服装

镰仓时代武士的崛起给日本服装带来了巨大的影响。武士占据高位时，其挥刀战斗的特性会影响到衣服的设计。

武士的服装必须方便使用刀枪剑，因此他们的地位提升时，身居高位的人们的服装也要随之改变。

因此，武士家族的正装和贵族不同。他们创造了自己独有的服饰文化，包括正装、工作服和便服。不过武士家族在出席贵族仪式的时候，也会穿贵族的服装。

模仿西方服饰的日式服装

江户时代，穿着洋装的荷兰人在长崎出现。不过幕末之前，跟他们接触的日本人很少。因此，西方服饰几乎没有影响到江户时代日本人的服装。

不过临近江户时代末期，幕府接触了俄罗斯等国，又从来到长崎的荷兰人那里听说了世界局势，打算采用欧洲的军事技术，让军服西式化。但是，幕府没办法在短时间内准备大量洋装，因此决定使用和服中最接近洋装的筒袖筒袴。

黑船来航后，作为军服的筒袖需要搭配伊贺袴或股引。不仅如此，如果在筒袖和阵股引（图 92）上披上羽织的话，也可以作为登城的服装。

带有日式风格的西式服装

到了明治时代，日本正式引进了洋装。政府废除了衣冠束带等日式服装，规定燕尾服等为正装。

不过，虽说是洋装，但总带点日式风格，或保留了一部分日式服装，这可能是过渡期独有的现象吧。

图 93 是明治时代的邮递员，上衣是立领制服，下面穿的却是黑色的小仓袴，

配草鞋。

普通民众也不例外，在这个时代，最时尚的事情就是在服装中加入一些西式元素。这就是为什么会出现图 94 那样的人，明明穿着和服，却戴着船工帽，拿着蝙蝠伞。

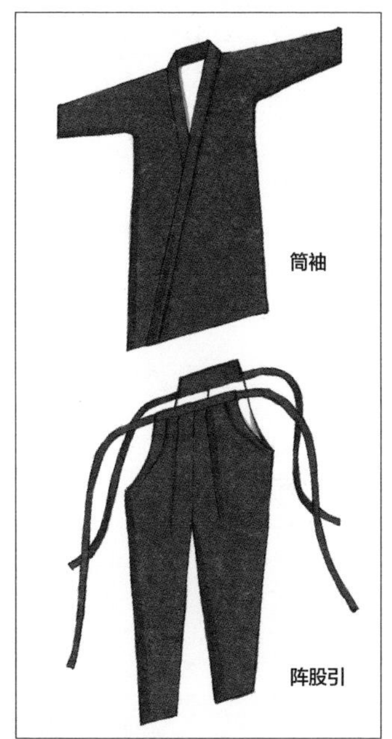

图 92 筒袖和阵股引

图 93 邮递员的服装

图 94 普通民众的服装

065

男性武士正装（水干）

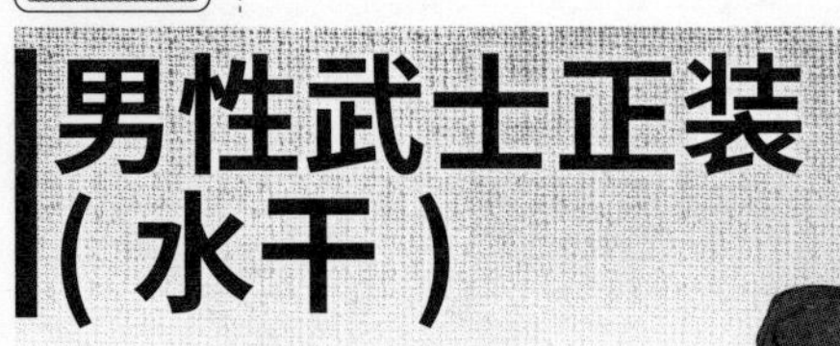

乌帽子

Silky hat

这种笔直竖起的帽子是乌帽子中等级最高的立乌帽子。在镰仓时代是武士的礼帽。

水干

Water drying

水干与狩衣同源，不过水干会用“菊缀”加固。

垂领

Drape collar

水干原本是领口勒紧的衣服，但是因为很拘束，后来就变成了主插图中的V形垂领穿法。

时代

镰仓时代至室町时代

水干是镰仓武士的礼服，但后来遭到废弃。因此，很适合落伍的老人和老派人物穿着。

水干袴

Water dried hakama

比起贵族穿着的指贯，这种袴更窄一些，更方便活动。

古老的武士家族服装——水干

作为镰仓武士礼服的**水干**，原本是指不用糨糊，用水张贴的朴素布料。

水干和狩衣原本是同一种服装，甚至还被称为水干狩衣（平安时代）。不过，当狩衣被高级官员使用，转变为华丽的服装时，水干依旧是平民的服装。

在镰仓和室町时代，水干发展成尚未施元服之礼的男童礼服。另外，成人的贵族在镰仓时代，也会将水干作为便服穿着。

也许是因为服装朴素，穿着方便，所以水干和狩衣成了武士家族的正装。不过，室町时代以后，因直垂变得普遍，穿着水干的贵族和武士家族变少了。

水干可单指水干（图95），也可以表示水干装束。

水干装束由乌帽子、水干、水干袴构成。水干因缝隙较多，里面会穿小袖，这是它的正式穿法。但是，平民通常穿小袴，而非水干袴。

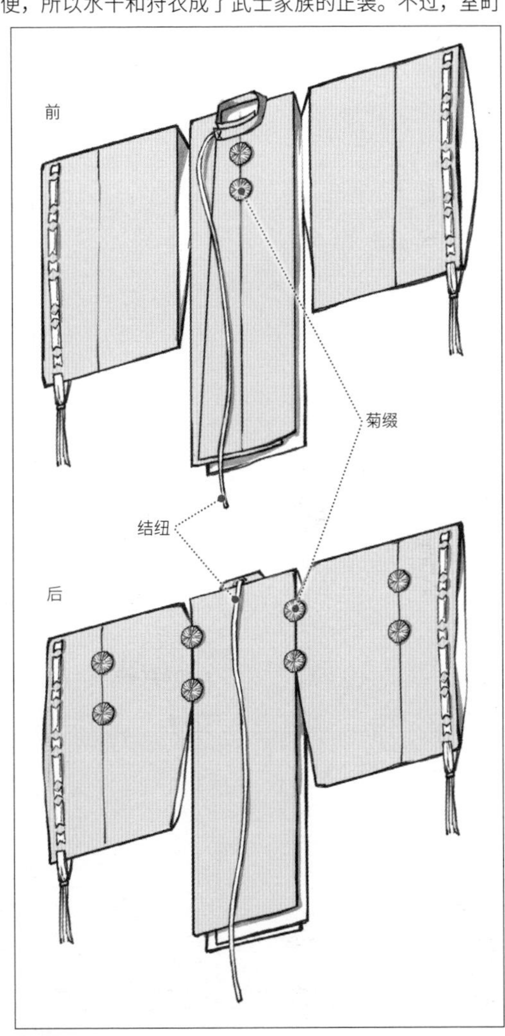

图95 单件水干

乌帽子跟直衣和狩衣的一样。平民通常戴折乌帽子，贵族戴立乌帽子。由于立乌帽子又大又不方便活动，所以对平民来说折乌帽子更轻松。

平民的水干通常是麻质的，而贵族和上等武士家族的水干通常是丝质的。

水干的特征是菊缀和结纽。

菊缀源于平民穿的水干。原本是指用带子加固布料容易裂开的接缝处，后来演变成带子末端形成的平整穗子装饰。

结纽是系紧水干领口的带子。穿法是将一侧领子的前绪和颈后的后绪系上，这被称为盘领（图96）。

不过，这种穿法虽然整齐，但很拘束，因此像主插图一样的穿法更常见。将领口内折成为V字形，把领口的长带从左腋下拉出，跟右肩绕来的带子相连结（这种穿法被称为垂领）。这样一来，领口变松，就没有那么紧绷。

图96 盘领

在水干里穿的袴，是用跟水干不同的布料制作而成的。

贵族和上等武士家族会穿着和直衣里面穿的指贯很相似的水干袴，与指贯不同的是，水干袴是将6块布横向拼接在一起制作而成的。因此，比指贯（8块连在一起）更窄更便于活动。水干袴在两侧的相引（前后的布在腋下缝合的部分）、膝上的绗目（在袴的前部、膝盖稍微靠上的部分）这4个地方，分别有2个菊缀。

平民们穿的是更方便活动的由4块布料拼接而成的小袴（因为布的数量少，由此得名）和括袴（腿上绑紧的袴，方便行走不碍事）。平安时代，下级官员和下级武官，甚至平民和放免（将犯轻罪的人征用为市中管制的人）等都是这种装扮。

提到穿水干的人物，就会想到牛若丸。据说牛若丸在五条大桥上和弁庆战斗时穿的就是水干，头上还披着丝绸布。身为源氏公子哥兼孩子的牛若丸（后来的源义经）很适合这样的装扮，看上去既像贵族的孩子，又像武士。

通常的穿法是将水干扎进袴里穿，但是也有将水干不扎进袴里而拉出来的穿法（图97），这种穿法叫作覆水干和挂水干。

图97 覆水干

066

男性武士便服（直垂）

折乌帽子
Folding black hat

原本是由立乌帽子折叠而成的小帽子。但是，室町时代后，制作了折好的乌帽子，得到了广泛传播。

直垂
Vertical

垂领（跟现代的和服一样，领口敞开）服装。

胸纽
Pectoral button

衣领外侧的带子。这条带子并非用来固定，而是装饰（初期姑且不论）。

直垂袴
Straight hakama

有两条裤管，下摆敞开。初期是用跟衣服不同的布料制作的，后来用相同的布料，是武士家族礼服的组成部分。

露
The dew

这跟狩衣和水干一样，有系紧袖子的带子。不过，带子穿在布料里，只在袖子下方露出，这部分被称为露。

时代

平安时代至江户时代

直垂作为武士的便服而深受欢迎。不管给哪个武士穿都很合适。

从武士的便服变为高官的礼服

直垂是非常古老的服装，但其地位很低。高级服装的领口是像束带那样的盘领（领口勒紧），像直垂这样的垂领是平民穿的。但是，因为方便活动，自镰仓时代以来，直垂用于武士的日常生活和出仕（在幕府工作），在镰仓末期成为武士的礼服。

直垂可单指覆盖上半身的直垂，也可以表示直垂装束。

直垂装束是由乌帽子、直垂、直垂袴构成的。

帽子是**折乌帽子**，别名侍乌帽子。这是为了方便行动，由立乌帽子折叠而成。折叠方法参照了有职故实（遵从先例的制度和仪式规则），折法因流派而有所不同。

直垂是像羽织一样前面系带的衣服（图98）。两侧是阙腋（没有缝合），前身比后身稍长。胸前缝有丸打（缝合的地方又大又圆）带。

与贵族的礼服不同，直垂会扎入直垂袴（图99），如主插图所示。直垂袴的特征是腿上不绑紧而一直敞开着。因此，为了不碍事，长度只到脚踝。

在江户时代，直垂加家纹的衣服被称为大纹，再配上拖地的长直垂袴，成为礼服。这也是《忠臣藏》中浅野内匠头在松之廊穿的服装。

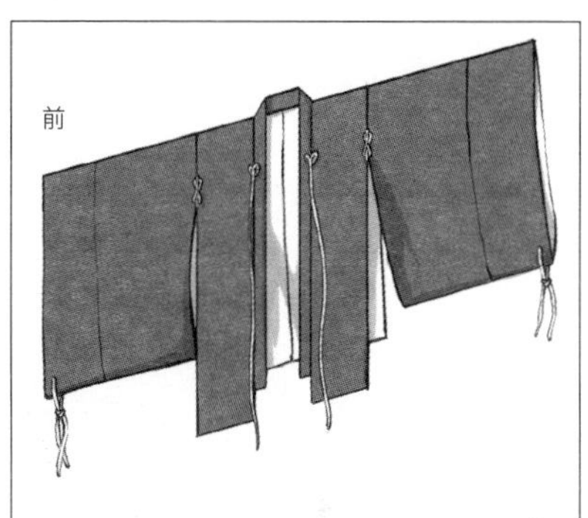

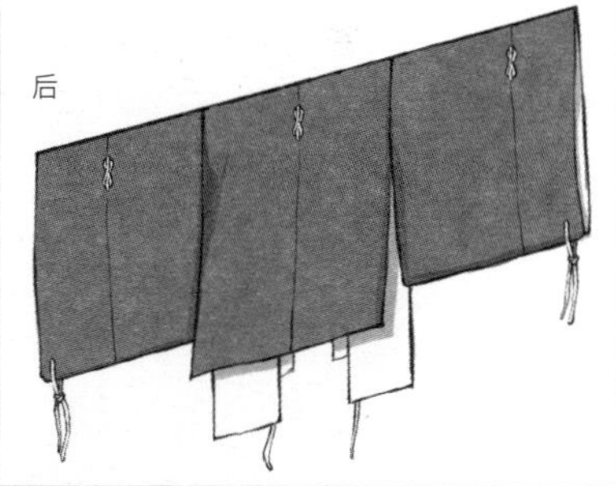

图98 直垂

图99 直垂袴

067

男性武士正装(裃)

时代

镰仓时代至江户时代

裃作为江户时代武士的正装被广泛使用。它在当时就像现在上班族的西装一样，会在正式场合穿着。因此，如果出现了穿着裃的武士，就可以表明这是正式场合。

从武士的工作服变为平民的礼服

裃是从镰仓时代就存在的服装，使用了没有素袄（直垂的一种，袴和腰带都是相同布料制成的，省略了绑紧袖子的带子）袖子的肩衣。不过，其地位很低。高级服装的领口是像束带那样的盘领（领口勒紧），像直垂这样的垂领是平民穿的。但是，因为方便活动，自镰仓时代以来，开始用于武士的出仕（在幕府工作），在镰仓末期成为武士的礼服。

裃的穿法是将做出褶皱形成倒三角的肩衣穿在小袖外面，再在外面穿上袴。肩衣和袴是同一种布料制成的。

袴的下摆拖地，这被称为长裃，是江户时代武士正装的组成部分。然而，歌舞伎中出现的长裃重视美观，使用的是比通常的长裃还要长，大约是腿两倍长的袴，不过当时的武士是不会穿这种长裃的。

长裃在室外很不方便，因此诞生了作为简易礼服的半裃。武士在工作时会穿半裃（长裃走路不便，影响工作）。平民冠礼婚葬祭祀时，则会换成直垂袴（图 100）。不过，在某些藩里，只有村干部级别以上的人才允许穿半裃。

图 100 直垂袴

裃里的肩衣和袴是用同种布料制成的，但并没有相连，肩衣的下摆要塞到袴里。

肩衣和袴用不同布料制成，就被称为继裃。要是其中一件破了，也能换别的穿，这对贫穷的武士来说很方便。在以江户时代为背景的捕物帐作品中，给登场的下级武士、下级官员等下级御家人穿的话，能够展现生活氛围。

裃里穿的小袖，在江户时代被称为熨斗目（图 101），指腰部附近用不同布料制成的小袖。不过使用不同布料的位置也因服装而异，有时是腰部往下的位置，有时是袖子的下半部分。

穿裃时只带一把叫小刀的刀，跟胁差差不多大。和胁差的区别在于胁差的鞘的末端是圆的，而小刀则像是被砍掉了一样。

图 101 熨斗目

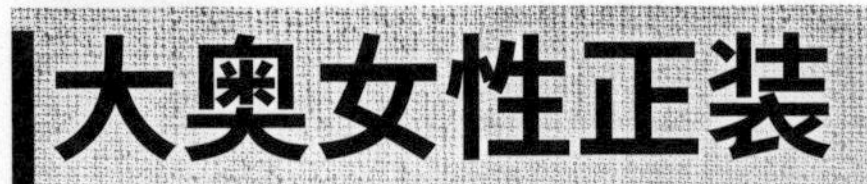

大奥女性正装

小袖
Under sleeve

穿在打挂里的和服。虽然图上看不见，但是小袖上系着腰带。

打挂
Hit

指系好腰带后披上的小袖。但是，如果是奥女中穿，为了显得更华丽，经常会像主插图一样将振袖作为打挂来穿。

袖扇
Arm fan

即使是奥女中，也只有担任过中臈[将军和御台所（将军的正妻）身边的随侍女官，将军的侧室也是从中选出来的] 以上职务的女官才有扇子。扇骨涂黑，贴上鸟之子纸（淡黄色的优质和纸），扇面画着吉祥的图案，长度约 6 寸 7 分（日本测量单位，约 20.3 厘米）。

长辫
Plait

大奥女中经常梳的发型，虽然很像贵族的御垂发，但会在领口处收拢头发，下面用好几个元结绑起来。另外，贵族的御垂发，不会做燕尾（后脑勺下半部分突出），但是长辫有。

时代

江户时代

大奥里奥女中的服装，有不同于女房装束的美。为表现大奥的华丽感和庄重感，奥女中特别的服装很合适。

小袖变得华丽的奥女中装束

如同贵族女性在禁里（指皇居）或高等贵族的家里做女房（高等贵族的随侍女性）一样，武士家族的女性也在幕府和大名家做奥女中。

做女房的女性会穿着女房装束，同样地，做奥女中的女性也会穿她们的公服。公服还会分冬装和夏装。

冬装是打挂（也称为搔取）。打挂是指在小袖上系上腰带后，再在外面披上的小袖。

夏天披着打挂很热，所以会在腰部用绳子将打挂绑住，上半身只穿小袖，这就是夏装腰卷（图 102）。在小袖上绑上提带（图 103），在提带打结、相对较硬的部分挂上打挂的穿法，被称为腰卷。

女官中也只有上臈（高层人物的随侍女官，不进行打扫和做饭等工作的高级职位）才会做这样夸张的装扮。

图 102 腰卷

表 14 大奥的主要职位

职位	解说
御部屋	生下了将军的儿子
御年寄	大奥掌权者
御中臈	负责照顾将军和御台所
表使	负责采购以及和表联系
御三之间	负责三之间及以上级别房间的打扫和杂事
御末	负责一般杂务的最低等女仆

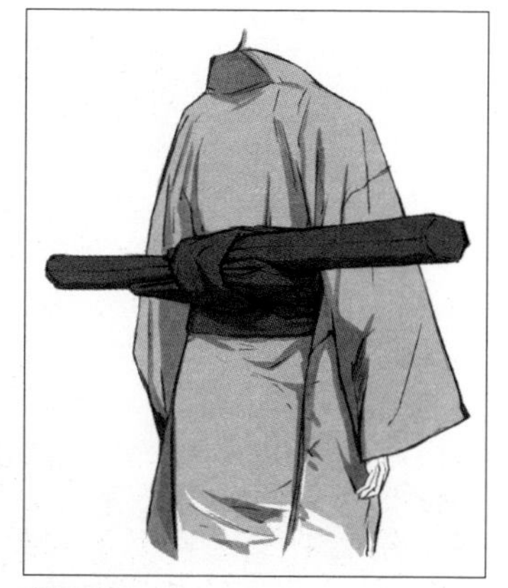

图 103 提带

069

武士家族女性便服(小袖)

间着
Interpose

在打挂里面穿的小袖，通常是白色的，被称为间白。有时会使用不同颜色的间着，如冬天穿红色的间赤，正月穿黄色的间黄。

雪洞扇
Snow cave fan

这是女性穿袿或打挂时拿的扇子。跟普通的扇相比，它折叠后更宽。

打挂
Hit

披在腰带外的小袖。上流武士家族的打挂会使用唐织（采用浮织技法的纺织品，当时是从明朝进口的）等高级品。

细带
Bandeau

打挂里使用的带子，是简约细带（宽 18 厘米）。

时代

镰仓时代至安土桃山时代

小袖根据穿法，既可展现奢华感，又能展现朴素感，十分好用。

内衣外穿

小袖，顾名思义，就是袖子很小的和服。特别是袖口变窄，方便活动。从镰仓时代到江户时代，几乎所有的女性都会穿小袖。但像主插图那样豪华的装束只到桃山时代，江户时代省略了打挂，变得更方便了。

小袖种类丰富，有平民穿的麻质和棉质的朴素小袖，也有上等武士家族和贵族穿的丝质奢华（带刺绣等装饰）小袖。

镰仓时代的穿法是在小袖外穿上袴，也就是所谓的裸衣（图 104）穿法。将袴加长到 5 尺 6 寸（日本测量单位，约 170 厘米），腰上的带子加宽，被称为大腰袴（图 105）。江户时代，白色的小袖加红色的大腰袴成了宫中女官的服装。

有时也会在小袖外面穿汤卷而非袴。汤卷也叫今木，原本是洗澡的时候围在腰上的。贵人围在腰上是为了遮住裸体，侍奉贵人的女房们穿在外面是为了不弄湿衽。

后来汤卷代替袴成为简易礼服的组成部分。在室町时代普及到了平民阶层，穿在便服外面，还有耐脏等效果。

图 104 裸衣

图 105 大腰袴

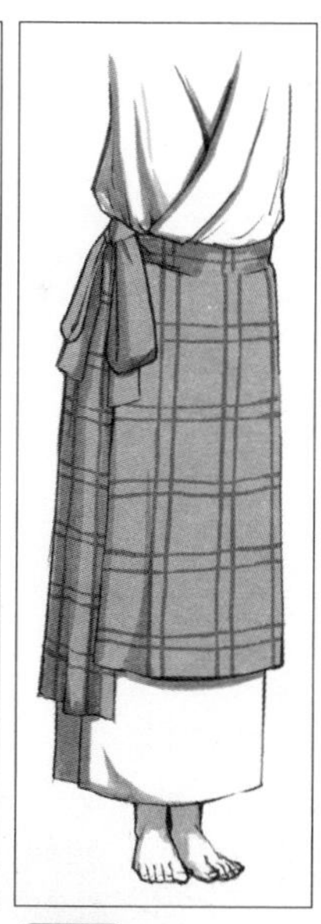

图 106 汤卷

070

武士家族女性便服(振袖、留袖)

振袖

Vibrating sleeve

放大儿童小袖（为了让空气流通，开了八口）的袖子，就变成了大人穿的振袖。振袖比起小袖更华丽，深受年轻女性的喜爱。

身八口

One' s body is eight mouths

穿和服时便于调整和服的位置，或伸手进去调整端折（腰部折起的部分）。

振八口

Zhenbakou

为了让空气流通，靠近身体一侧的袖子是敞开的。儿童穿的小袖有振八口，振袖也是由此演变而来的。但大人穿的留袖是缝合的。

身长

Height

和服较长，下摆拖地。实际上，高级武士家族和富商的子女在室内穿的和服是拖地的。但是，下级武士家族和普通的町人会把和服提到脚边。

时代

江户时代至现代

在现代，振袖是未婚女性的正装，留袖则是已婚女性的正装。江户时代，振袖并不实用，因此穿振袖的女性能够展现出她富裕和优雅的一面。

诞生于富裕时代的新服装

振袖是诞生于江户时代，相对较新的服装。

在和平富裕的时代，人们不满足于实用的服装，因此小袖的袖子在江户时代变得越来越长。

江户初期，才 1 尺（日本测量单位，约 30 厘米）左右的袖子，到元禄时代，增长到 2 尺（日本测量单位，约 61 厘米）至 3 尺（日本测量单位，约 91 厘米），被称为振袖。到江户末期，甚至增长到 3 尺至 4 尺（日本测量单位，约 121 厘米），足以拖地。当时女性的平均身高是 145 厘米左右，因此 4 尺长的振袖确实会触碰到地面。

另外，那时男性的平均身高是 155 厘米左右。在现在，被 181 厘米（1 间）的门框撞到头部的人很多，但在当时这算非常高的高度了。

初期的振袖，男女通用。宽大的袖子不仅受到女性的欢迎，也深受追求时尚的男性喜爱。不过，江户后期过长的振袖，成了年轻女性穿着的时尚服装。

在现代，根据袖长，会分为大振袖、中振袖和小振袖。大振袖的袖长 3 尺左右，中振袖的袖长 2 尺左右。比中振袖袖长更短的小振袖和袖长 4 尺足以拖地的振袖现在已不再使用。

在江户时代后期，和服长度变长，足以拖地。不过可以调整端折（和服多出的部分在腰部附近折叠），让和服在室内拖地，在室外就提到脚边。另外，调整端折的宽度，可以让下半身变窄，让女性的身体轮廓更加动人。

另外，身八口还能方便男性。男性触碰恋人身体时，手从领口伸进去会弄乱衣服，让人感觉不够体贴。因此，知情趣的男性会利用身八口。从身八口隐约可见的长襦袢也是非常性感的，与外面的振袖颜色搭配合理的话，也会让人赏心悦目。

现在已婚女性穿的留袖是在振袖出现后产生的。江户中期的留袖是由振袖改制的，女性婚后会将身八口和振八口缝合，袖子改小。因此，以前的留袖和振袖一样，使用的是华丽的布料。只有下半身有花纹的现代留袖不是由振袖改制的，是在江户后期文化文政时代诞生的。

原本，未婚女性会穿振袖，已婚女性会穿留袖。但是到了现代区分就没有那么明显了，年纪大的未婚女性会穿留袖，早婚的女性也会在成人式上穿振袖。

071

武士家族女性婚礼服装（白无垢）

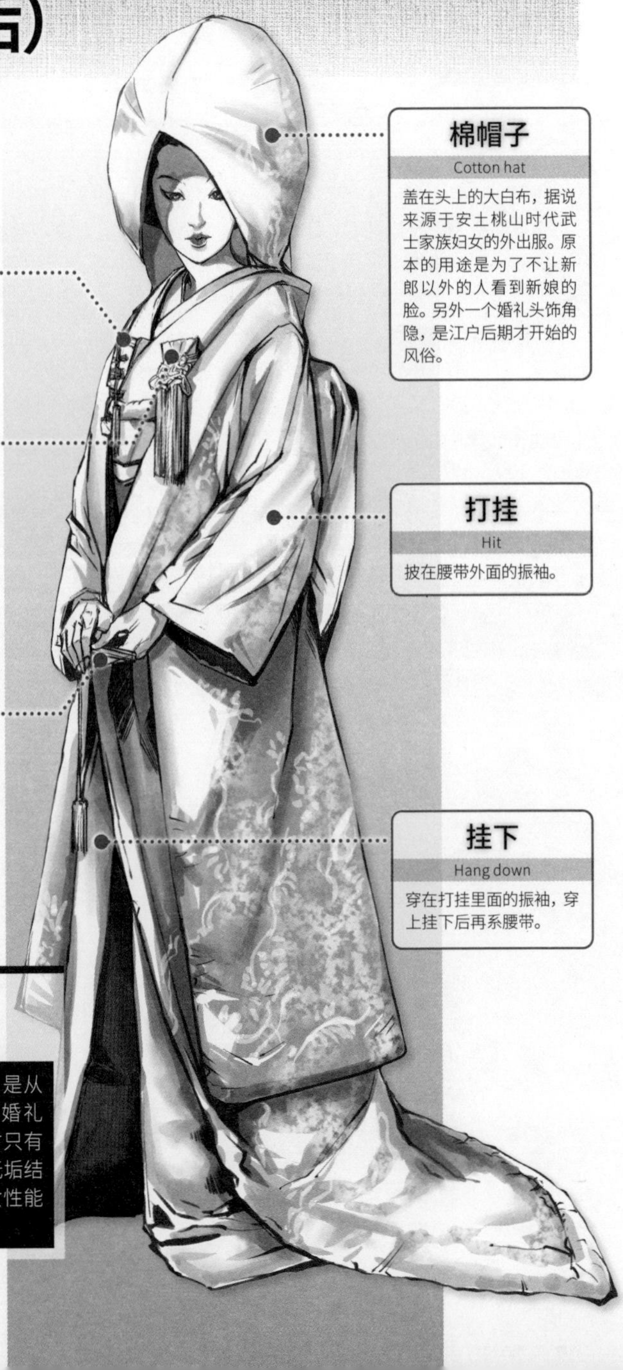

棉帽子

Cotton hat

盖在头上的大白布，据说来源于安土桃山时代武士家族妇女的外出服。原本的用途是为了不让新郎以外的人看到新娘的脸。另外一个婚礼头饰角隐，是江户后期才开始的风俗。

筥迫

Jv forcing

荷包，放在胸口，隐约可见。流苏会垂在外面。

怀剑

Armed with a sword

顾名思义，是放在怀里的，所以不能直接看到。怀剑原本是护身用的短刀，但是作为婚礼服装的组成部分，据说有“贞女不更二夫”的意思。

打挂

Hit

披在腰带外面的振袖。

末广

Suehiro

末广是指喜庆场合对扇子的称呼。扇子打开（源于日语单词“末広がり”），有吉祥的寓意，由此得名。

挂下

Hang down

穿在打挂里面的振袖，穿上挂下后再系腰带。

时代

江户时代至现代

现代日式婚服白无垢，是从这个时代的武士家族婚礼服装演变而来的。当时只有富裕的女性才能穿白无垢结婚，因此穿白无垢的女性能够展现出娘家的富足。

小笠原流服装

实际上没有白无垢这样的衣服。所谓的白无垢，是指穿着的服装全是白色的。

具体来说，是在白色的挂下外面穿白色的打挂，腰带和小物件也都是白的，头上戴白的棉帽子或者角隐。

挂下是振袖的一种，是在打挂里面穿的衣服。打挂原本是被称为打挂小袖的小袖，但结婚时穿的打挂是振袖。需要注意的是腰带要系在挂下的外面，打挂再披在它外面，不需要系腰带。因此，看一下后背的打挂，就能知道里面系着的带子的形状。

棉帽子是由白色丝绸做成的袋状帽子，在室町时代是防寒服饰，后来变成除新郎外不让其他人看到新娘容貌的头饰。角隐则有隐藏棱角顺从丈夫的意思。

小物件有名为末广的扇子，名为筥迫（图 107）的荷包，以及名为怀剑（图 108）的短刀。但是，平民也能持怀剑是在明治时代以后，江户时代除了武士家族的女性是不能持有怀剑的。

白无垢是在室町时代和小笠原流一同诞生的武士婚礼服装。但是，当时打挂和挂下都是小袖，成为振袖是江户时代以后的事情。

江户时代，富裕的商人和农民模仿武士，开始在婚礼上穿白无垢。但据说第二次世界大战后，白无垢才得到普及。

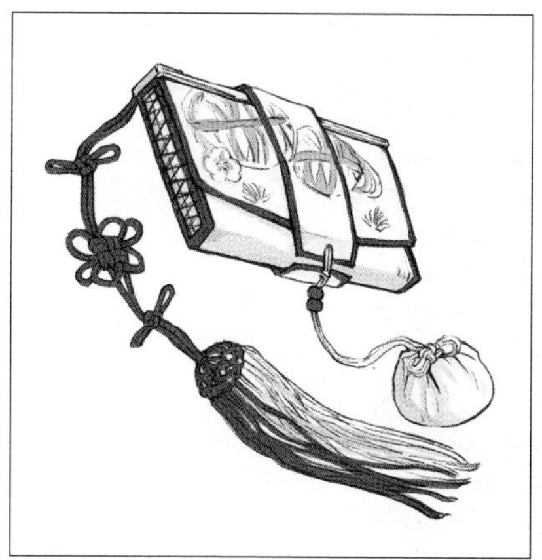

图 107 筥迫

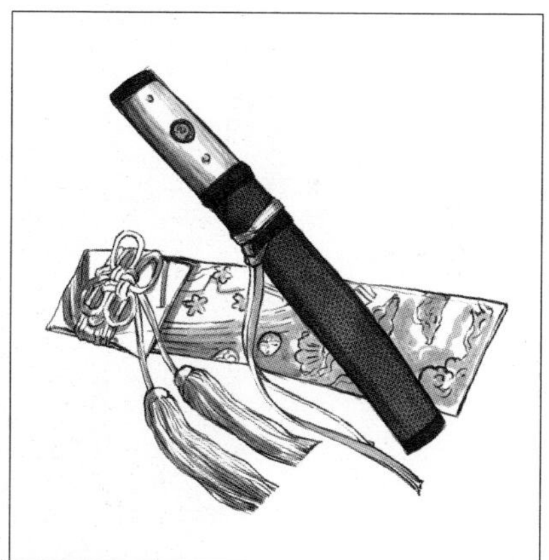

图 108 怀剑

忍者

头巾

Kerchief

包袱皮形状的御高祖头巾和遮住下半边脸的布手巾，当口罩用。

小袖

Under sleeve

袖子做成筒袖（跟胳膊一样粗的窄袖）的小袖，颜色通常是深色的。

手甲

Hand armor

为了保护手腕和手背，以及不剐到羽织的袖子，下臂到手背的位置会戴这样的手甲。

裁付

Layoff

别名伊贺袴，类似裤子的袴，裤腰宽、裤腿细。据说农民做农活时经常使用。

脚绊

Hamstring

袴的裤脚用脚绊绑住，以免被剐到。为了避免反射光线，会用带子绑住而非金属。

时代

战国时代至江户时代

忍者是现代人们熟知的地下间谍。要是做出忍者装扮的人物拥有特别情报，也没有人会感到惊讶。

并非黑色的忍者装扮

提到忍者，黑色的忍者装束是必不可少的。但是现实中忍者并不会穿那样的衣服。

其中一个原因是，黑色衣服很贵，要想把黑色染得漂亮，就必须使用高价的染料，这对于贫穷的忍者来说是很大一笔费用。

另一个原因是，黑色衣服十分显眼。白天要是穿着这样的衣服走来走去，就像是在宣告自己是忍者。虽然黑色服装在影视剧中看上去能够隐藏身影，但是这其实是为了让观众看清楚。

真正的忍者，据说是穿着深红色的衣服。这种程度的颜色正合适，不显眼。穿着深红色的小袖（袖口窄一点比较好）和袴，让人感觉就是朴素的人。

另外，潜入某地时，忍者会用布手巾遮住嘴巴，戴上御高祖头巾（图109）。再用手甲和脚绊绑住袖子和下摆，避免刮到东西。

1. 用布手巾遮住嘴巴

2. 将展开的御高祖头巾贴到额头上，把带子（角到边一半左右的地方有带子）系在脑后。

3. 将头巾掀到后面，头巾两端在下巴下交叉。

4. 绑到后颈。

图109 头巾的戴法

工作结束后，他们就会在僻静的地方摘下手甲、脚绊和头巾（都是布制成的，可以塞到怀里），若无其事地四处走动。

兜裆布的两侧有带子，避免被刮到，身前一侧会系在脖子上，防止垂下（图110）。

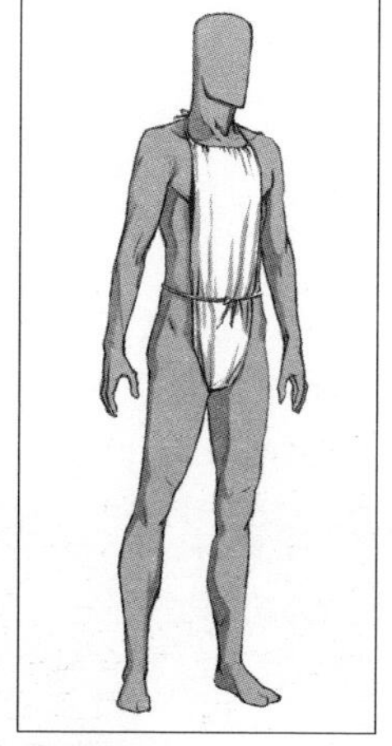

图110 兜裆布

073

吉利支丹武士

襞襟

Plica

欧洲流行的拉夫领被带到了日本。使用这种领子，不是吉利支丹就是南蛮迷。

念珠

Prayer beads

基督徒祈祷时使用的念珠。一般穿大珠 6 颗和小珠 53 颗，下端带有十字架。

阵羽织

Ori Jinha

无袖的羽织。通常穿在铠甲外面，但吉利支丹会穿在小袖外面。

轻衫

Light shirt

这是参考葡萄牙裤子制成的袴，裤腿收窄，方便活动。在岛原之乱中担任基督徒农民一方大将的天草四郎时贞，应该会穿原先是葡萄牙服装，易于活动的轻衫。

时代

日本战国末期至江户时代初期

吉利支丹的服装在日本国内很特殊，非常引人注目。穿着这种服装的人物，不管是敌人还是盟友，都可以清楚地知道他拥有特殊背景。

加入了西洋风的吉利支丹

从战国时代末期到桃山时代，日本盛行与欧洲的交易。众多传教士和商人来访，带来了各式各样的文物。其中，带到日本的服装被称为南蛮服饰。

身为基督徒的吉利支丹们积极使用了这些南蛮服饰，还佩戴了襞襟（拉夫领）之类的装饰。在武士中有着这种装扮的人们，被称为吉利支丹武士。但是在江户时代，吉利支丹禁令的颁布，导致了南蛮服饰的消亡。

不过，在南蛮服饰中，合羽、轻衫、襦袢等使用方便的服饰在日本扎根了。

合羽（图 111）源于葡萄牙语 capa。刚进入日本时，罗纱（羊毛）合羽深受武将喜爱。不过进入江户时代后，棉布合羽，甚至是桐油纸（用桐油浸泡过的纸，不渗水）合羽等简便的服饰也受到普通人的青睐。

轻衫是参考葡萄牙裤子制成的袴，裤腿收窄，便于活动。因此在江户时代作为农民的工作服也很受欢迎。

襦袢源于葡萄牙语的无袖背心（葡 gibáo），是指穿在铠甲里面的内衣。但是，在江户时代几乎没有穿铠甲的机会，因此变成内衣的小袖（但是，在世界上也很少见，从衣领和袖口显露是正式的穿法）开始被称为襦袢。原本只有长度到腰部的襦袢，如图 112 所示，但后来出现了长度到脚下的长襦袢，原来的襦袢就被称为半襦袢。

图 111 合羽

图 112 襦袢

074

新选组

钵金

Pot gold

除了像插图一样，贴合额头的圆形钵金外，还有方形板粘在缠头巾上的钵金。

羽织

Haori

衣袖上印有白色山形图案的浅葱色羽织，被认为是新选组初期的制服。

护胸

Chest protector

新选组袭击敌方时，会戴上像主插图一样的护胸，或是在小袖里面穿上锁子甲，保护身体。

高裆袴

High-crotch hakama

袴有两条裤腿被称为裆。高裆袴，因拉高了裆，类似裤子，所以方便活动，利于战斗。

时代

江户末期（幕末）

衣袖上印有白色山形图案的新选组羽织是男性骄傲的象征，适合从败仗中成长的人物穿着。

新选组变得越来越帅

提到新选组的服装，那一定是衣袖上印有白色山形图案的浅葱色（淡蓝色）羽织。相信有很多人喜欢这种衣服，但实际上，这种认知有两点错误。

首先，认为衣袖上印有白色山形图案的浅葱色羽织很帅气，这和当时的认知是完全相反的。

“不受女性欢迎的乡下武士(浅葱里)”，正如川柳中吟诵的那样，浅葱色是土气的象征。这是因为浅葱是廉价的淡蓝色，是穷人才会选择的颜色。浅葱色的衬里被称为“浅葱里”，影射刚来到江户的土气乡下武士。即便是在新选组活跃的京都也不例外。另外，浅葱色的裃也是切腹时的服装。

据说新选组之所以会选择这种廉价的颜色，是因为初期贫穷的他们只能这样凑齐队服。

新选组的衣袖上印有白色山形图案是因为忠臣藏的赤穗浪士在杀敌时使用的羽织是山形图案（这是黑白的山形图案）。这个图案相当大，据说在袖子上有 3~4 个（一圈 7~8 个），在下摆上有 4~5 个（一圈 9~10 个）。

另外，现代新选组周边的羽织上染有“新选组”和“诚”等字样，但实际上是没有的。

其次，新选组一直穿着白色山形图案的羽织这个认知也是错误的。从浪士队结成到土方岁三去世，新选组仅存在了 5 年多，但他们只在初期的 1 年时间里穿着衣袖上印有白色山形图案的浅葱色羽织。据说池田屋事件发生时还穿着这样的羽织，但之后就没有使用的记录了。

随后，新选组的制服换了颜色，小袖、裤和羽织都变成黑色了。因此，勤王派一旦知道是被黑衣人跟踪，就知道是新选组干的。

战斗的时候，新选组会在和服里面穿锁子甲，戴钵金（图 113）和笼手（图 114）。但也有像主插图一样，在羽织里面穿护胸的队员。

图 113 钵金

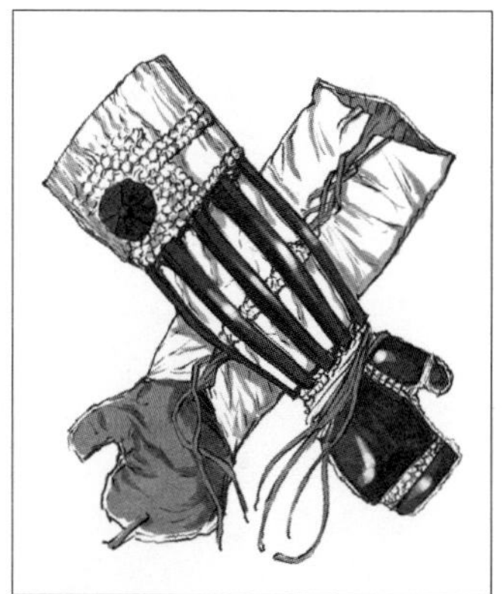

图 114 笼手

075

男性武士的发型

时代 镰仓时代至江户时代

武士家族的经典发型是丁髷。除此之外，还有面向年轻人的华丽的髷，以及沉稳的髷。髷的形状能够展示性格和立场。

自古以来存在的髷

最初的髷是平安时代，在戴冠或乌帽子的时候，为了把乌帽子等固定在头发上而形成的发型。髷的特征是在头上扎出一个发髻。一般来说，这个发髻的部分就是髷。但是，在古代髷是指包含发髻、刘海、鬓发、燕尾等发型整体的称呼。不过江户时代的发髻也被称作髷。

髷主要由 4 个部分构成。

- **刘海**：剃月代（前额侧开始至头顶部的头发全部剃光）头的人是没有刘海的。只有未施元服之礼的少年才有刘海。
- **鬓发**：这是指脸颊两侧、耳朵上面和后面的头发。在江户初期，会直接将头发梳理到后面，但江户中期以后，流行贴鲸须，会加宽鬓角。
- **燕尾**：这是指后脑勺的头发。青年尤其是城市里富裕的年轻人，会将燕尾弄得很突出，耍帅。
- **发髻**：男性的发髻基本上是对折的。头发略微向后折起，发梢朝前或朝上梳成发髻。

这些发型根据时代，会有各式各样的变化，时而凸出时而收缩，时而变粗时而变细。在江户时代，髷的形状也会顺应时代变化。

①髻：发梢像茶筅，俗称“茶筅髷”，是武士在头顶稍后面（百会穴位置）的位置扎出发髻的发型。

②唐轮：头发在头上扎出环形的发型。

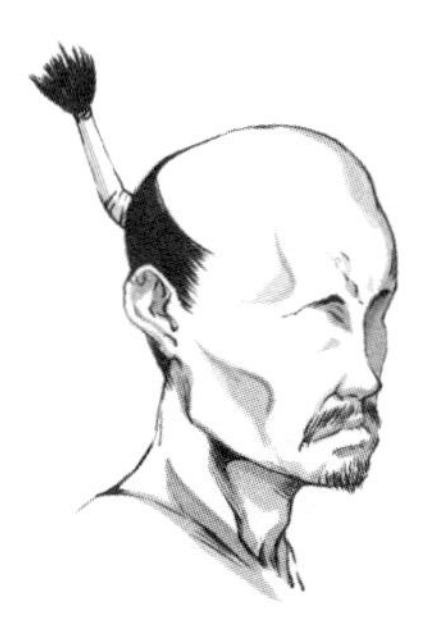

③大月代：这是剃光所有头发，只留下后脑勺头发的发型。插图中是将后脑勺的头发梳成茶筅。应仁之乱后的茶筅不像贵族的冠下一髻那样直立在头顶，而是水平或斜向上延伸。另外，元结也不是用带子，而是白纸。

④中剃：剃光头顶，留下刘海的发型。少年经常会留这样的发型。

⑤二折：绑在后脑勺的头发向上对折的发型，深受武士和平民的欢迎。年轻人的发髻会做得粗长一些，老年人则会做成细短样式。二折是发髻的形状，但剃头分为大月代、半头、中剃、总发等各种样式，像这个插图就是中剃二折。

⑥若众髷：发髻又粗又大，燕尾突出，是个华丽的发型。

⑦银杏：由于剪发技术的提高，让发髻的粗细保持不变，切口平整，由此形成了漂亮的髷。

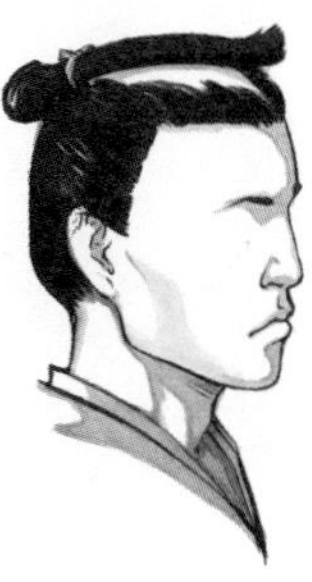

⑧讲武所风：月代变窄的发型，深受御家人欢迎。因在讲武所上学的武士很喜欢这种发型，由此得名。

076

武士家族女性的发型

时代 镰仓时代至江户时代

日本女性自古以来的优美发型就是笔直的长发。

为何开始束发

原本的日本发型就是将头发披散下来。只有在洗澡的时候会束发，扎法是将头发缠在长栉上。由于这很方便，后来就开始流行束发的发型。

束发的范本是男性的髷。女性的髷大多是模仿男性的髷做成的。初期的唐轮和岛田等髷都是由男性的髷改编的。

武士家族里最高级别的将军或大名的妻室（正室和侧室统称）等，也会模仿贵族做大垂发。

①根结垂发：将头发用元结扎起，剪短其他部分。

②玉结：发梢用元结扎成一个圈。这种结后来发展起来，影响了下个时代的髷。

③岛田：将髷的中部折弯，再用元结扎起来。这是由若众髷这个男性的髷演变而成的发型。

④禿：这是女孩扎的发型，只把头顶的头发弄成芥子（将头发扎成笔尖的样子）然后扎起来。

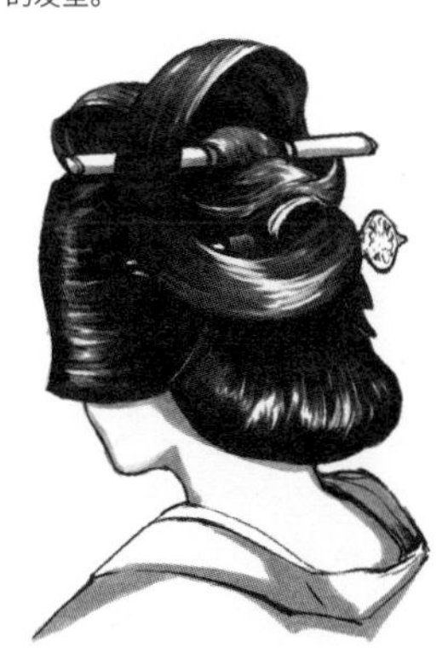

⑤片外：说到江户的御殿女中就会想到片外，这是个十分出名的发型。这个发型先用垂发在脑后做出前倾的扁发圈，把插马尾根部的笄从前方向右下方穿过头发，再从根往左拐、从下往上绕成两个发圈，最后用笄卷住发圈固定。

⑥志之字：别名岛田崩，是武士家族中级女官经常梳的发型。髷的部分较小，方便扎，一旦塌了也很容易改。

⑦丁点髻：武士家族的下级女官经常梳这个发型。髷的部分很小，方便扎，比志之字更朴素。

江户时代的出嫁

不管什么时代，婚礼都是一个家庭的大事，需要花费大量金钱。穷人和大名都会按照各自的方式，精心准备婚礼。

江户末期，留下了这样的记录：秋田石高 20 万的久保田藩的佳姬嫁入了四国石高 10 万的宇和岛藩。这个时代的大名很贫穷，再加上幕府命令他们要节俭，因此婚礼很简单。

据说佳姬的陪嫁是 3000 两，悉皆金是 5000 两。当时的金价跌了，估计 1 两约等于现在的 5 万日元，所以陪嫁金是 1.5 亿日元左右，悉皆金是 2.5 亿日元左右。

所谓“悉皆金”，是指办婚礼的钱。具体来说，婚礼服装、嫁妆、寝具、搬家费用、随从人员的津贴、给婚礼事务人员的补贴、红包等结婚时所需的全部费用，都需要从这里支出。

贫苦的江户末期都是这种水平，可以预想鼎盛时期的婚礼将会多花好几倍的钱。

根据江户中期的记录，旗本和御家人（江户将军手下的武士）的婚礼上，花费了与俸禄相同的钱。也就是说，和 300 石的武士结婚时，出嫁方准备了 300 两，当成陪嫁金和悉皆金。

当时的 1 两相当于 10 万日元，因此这是一场耗资 3000 万日元的婚礼。

按照这个比例，可以认为，鼎盛时期的大名在婚礼上花费了数万乃至数十万两。

对江户时代的武士来说，孩子的嫁娶是关系到家庭兴衰的大事情。

相比之下，平民的婚礼就很简单了。在式亭三马的《浮世床》中出现的长屋居民婚礼如下所示。首先媒人会介绍对象给男方，男方要是觉得合适就能结婚了。接下来，媒人会挑着新娘的行李来到长屋，新娘也会步行过来。最后新人在媒人面前喝交杯酒，吃鲣鱼干和鱿鱼干庆贺。

第5章

日本的平民

战国时代至幕末时代

模仿武士服装的平民服装

077

模仿武士服装的平民服装

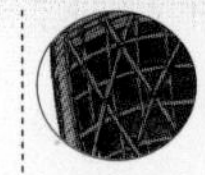    

The dress of the people in Japan

武士的影响力

武士的服装也影响了普通民众。贵族服装不利于活动，和必须做农活的平民没有什么关系。而武士的服装既然方便挥刀，自然也能挥动锄头。

另外，当人稍微富裕点时，自然就会想模仿地位高的人。因此，地位相对较高的富裕农民和手艺人开始模仿武士的穿衣风格。

要是上层阶级开始模仿武士，下层阶级自然也会效仿。于是平民也开始穿着武士服装里的直垂和小袖。

战国时代也是一个农民应当挥刀战斗的时代。因此人们模仿武士的装扮也很正常。

便服的普及

江户时代以前，日本男性通常都会穿袴。不过江户时代很多町人省去了袴，开始穿便服（男性的衣服穿法，只穿小袖，下半身什么也不穿）。特别是平民，除了婚礼等特殊场合，几乎不怎么穿袴了。

不过这是町人的习惯，武士还是必须要穿袴。

然而没有精力关心打扮的武士，如浪人等，通常也会穿便服。另外，即使是为幕府服务的武士，像三回同心（在城市巡逻，充当警察的下级武士）也可以穿着便服。

至于女性，武士家族的女性已经不穿袴了，而町人的女性本来就没有穿袴的习惯。

也就是说，町人创造了不穿袴的服装文化。

在江户时代，便服（原本是只有男性才会使用的词汇）代表了町人的审美观。摆脱了穿着袴的武士美学，町人们创造出了新的美学，即美丽的便服装扮。

现代的振袖装扮是江户富裕的町人子女们穿的一种便服样式，主要是将小袖的袖子加宽后做成华丽的振袖，之后成了在成人仪式或结婚仪式上也可以穿的礼服。

另外，在町人文化中，有时也会将便服当成礼服，以茶道、净琉璃等江户时代兴起的町人文化为代表。

但是穿着便服的话，小袖的下摆会缠在脚上，不利于活动，反而会给农活带来不便。虽说如此，穿袴也很麻烦。

于是，会将小袖的下摆撩起塞到腰带里。

因为冬天脚露出来会很冷，所以会用股引（当时的股引是内衣）来防寒。这个股引和现在木匠等工作服的股引几乎一样。穿法是穿在便服的小袖里面，绑上脚绊。

夏天则连股引或脚绊都没有，把下摆撩起的话可以看到里面的兜裆布。

这就是平民常见的装扮。

农民的袴装

相对于几乎不穿袴的町人，农民则维持着穿袴的文化。

不过，这不是为了美观，而是为了方便耕种和在山里做事。穿袴下摆不会缠住脚，便于活动。

因此他们穿的袴不是武士那样宽大的袴，而是下摆收窄，贴合腿部的袴，比如，伊贺袴（也被称为裁付、山袴）和工作裤（自古以来就存在于东北地区的一种裁付，跟现在的工作裤不同，腰部设计和袴完全相同），这样就不容易勾到树枝和草。

当然，农民也不是经常穿袴，在不需要保护脚部的场所，也会省去袴，撩起下摆行动。

078

商人

羽织
Haori
披在小袖等和服外面，由此得名。胸前会用羽织带绑住。这幅插图不是纹付羽织（带家徽的羽织是平民的正装），而是作为便服的羽织。
前挂
Front hanging
穿着大前挂的人一看就知道是学徒。10岁左右的小学徒和已经成年的学徒都会用同样的前挂，但对孩子来说还是太大了。
白足袋
White foot bag
布制的足袋是在江户时代后期流行的。这种白色的足袋既可以平时使用，也可以用于正装，所以十分普遍。
草履
Straw boots
武士、町人、农民穿正装会配草履。不过街上只要没下雨（雨天地面到处都是泥，会穿木屐），也都会穿草履。
时代
江户时代
江户时代的商人是这个时代最自由的人。因此可以让各种角色作为商人登场，如大腹便便的有钱人、财迷、东家和卑微的学徒。

分等级的商家服装

只要看到江户时代人们的装扮，如商家，就能知道他们的职业和地位。另外，商店里的东家、掌柜和学徒的装扮也是不同的，即便是新客人也能一眼看出他们所处的地位。

商家的等级如下所示：东家—掌柜—二掌柜—学徒（在关东被称为小僧）。

东家（主插图左侧）是商店的老板。他们通常会穿小袖，系上腰带后再披上羽织。脚上则会穿足袋配草履。腰带宽 10 厘米，是由宽 20 厘米的布料对折而成的，被称为角带。通常会采用贝口结（图 115）的系法。系好后，会将结转向背后。腰带的位置在小腹附近，从侧面看略微有些倾斜。

掌柜的地位仅次于东家，在东家不在的时候管理店铺。有时也会独立出来，使用同一字号开分店。掌柜会穿小袖，系上腰带后再穿前挂。基本上不穿羽织，但有时大店的掌柜也会穿上。不过，当和东家同时出现在店内时，掌柜是不穿羽织的。

二掌柜是在店里接待客人的雇工。他们会穿小袖，系上腰带后再穿前挂，不会穿羽织。另外还会将小袖撩起到臀部，穿着股引（图 116），天气热的时候则会省去股引。

学徒（主插图右侧）是店里地位最低的人。小时候负责跑腿，长大后则负责货物搬运等力气活。他们会穿小袖，系上角带后，再挂上覆盖胸部的大前挂。另外也会将小袖撩起到臀部，穿着股引，天气热的时候同样不穿。

在江户时代，一般平民（町民和农民）的正装是纹付羽织袴。纹付羽织是在五个花纹（后背正中间、两个袖子的后侧、两胸）上加上家徽的羽织。另外，正式的家徽是需要拔染的。

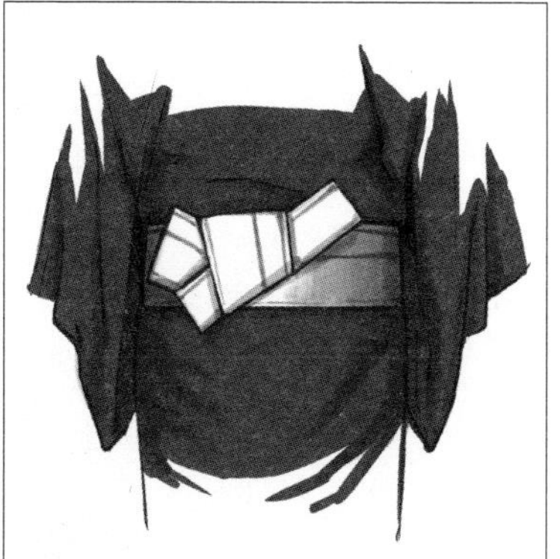

图 115 贝口结

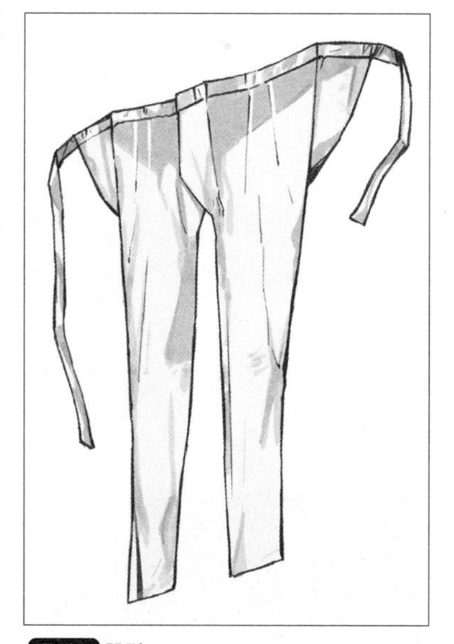

图 116 股引

079

货郎

布手巾

Towel

很多货郎为了遮阳，会用布手巾包住头和双颊。

小袖

Under sleeve

当时的人几乎都穿小袖，像货郎这种需要行动方便的人，会将小袖下摆撩起塞进腰带。

股引

Gu Yin

夏天热的时候不穿股引，所以把下摆撩起的话可以看到里面的兜裆布。

绑腿

Gaiters

小腿上会绑上脚绊，方便行走。

草鞋

Straw sandals

穿草履的话难以长途跋涉，因此会穿紧紧绑在脚上的草鞋。

时代

江户时代至明治时代初期

江户城里有很多货郎，他们是能展现江户时代特色的人物。另外，因为经常四处走动，消息灵通，作为消息来源也很不错。

挑担货郎

江户有很多货郎，他们通常会挑担卖货，因此也被称为振卖或棒手卖。住在长屋里的人们，即便没有日用品也无须出门，因为会有不同的货郎接二连三地上门。

不需要知识和手艺的货郎，谁都可以做。因此，为了救济弱者，幕府只允许 50 岁以上和 15 岁以下的人当货郎。但实际上有很多货郎是不符合年龄规定的。

在江户，连使用大八车（人力车）都要经过许可，因此货郎都是挑担卖货。像鱼这样重的货物，通常会挂在扁担上售卖，但像糖果这样轻的货物，就会直接挂在肩上。

主插图是一个卖糖果的货郎，肩上挂着一个装有糖果的箱子。他会边吹笛子，边四处转悠。走进长屋会吹起笛子，喊着：“卖糖果——”想买的人就会从家里出来购买。

图 117 是用扁担挑着扫帚和舀子等的杂货商。像这样的货郎和旅行者等四处走动的人都会拄着拐杖。

图 117 杂货商

图 118 是卖冷水的货郎。他挑着的方形框子底部有瓶子（图 118 只能看到瓶口）。出售的冷水里会加入砂糖和糯米粉。

图 119 是卖花女。当时有很多女性卖货，最出名的是京都的大原女，头上顶着柴火在京都卖货。

图 118 冷水商

图 119 卖花女

080

农民

田间工作服

Field work clothes

贴身穿的衣服，别名半着。长度只到大腿，方便农民干农活。另外由于它不妨碍双腿活动，所以工匠和马倌等也会经常穿着。

烟管

Smoke tube

在江户时代初期是奢侈品，但到了后期，农民也能买得起。他们会在休息时间抽上一支。

裁付

Layoff

别名伊贺袴，腿部做得很细，便于干农活。

绑腿

Gaiters

用缠在小腿上的布保护小腿，抑制腿的浮肿，在干农活等时候有缓解疲劳的效果。

草鞋

Straw sandals

农民干农活时通常会穿草鞋，由于绑得很紧，不易脱落，能够保护脚底。但是，一些贫穷的农民会赤脚干活。

时代

日本江户时代

江户时代农民占了人口的绝大多数，因此，可让他们作为群众演员大量登场。

江户时代是节约时代

据说在江户时代，农民占了总人口的 80% 以上。这意味着大多数人都是农民及其家庭成员。

根据德川幕府的法律规定，他们不得穿丝绸，而且还受到其他限制，确保他们能保持节俭。因此，他们会穿棉（江户时代变成了廉价的布料）麻制成的衣服。

江户时代是循环利用非常发达的时代，礼服破了的话就拿来当工作服，又破了的话就拿来当睡衣。破得不成样子了，就剪了当婴儿的尿布，实在不能用了才会丢弃。丢弃的布料焚烧后还能当化肥使用，因此几乎不存在垃圾。

在所有东西都能循环利用的江户时代，除了少数富农，农民的生活是非常简朴的。他们会使用布料少，类似半着的短和服，方便干农活。此外还会穿一种像裁付一样，与现代裤子相似的细袴，然后再用脚绊固定，方便活动。夏天的时候，很多人连裁付都不穿，只穿兜裆布，缠上脚绊。

在江户时代，即使是武士，也有些滑头的人认为反正看不到袴的里面，就用半着代替原本较长的小袖了。

在农忙时期，农民就算下雨也不能休息。于是，他们会穿着蓑衣（图120）继续耕作。由稻草和棕榈等植物编织而成的蓑衣，不仅能遮风避雨，还能保暖。因此冬天在蓑衣里穿一件衣服就能应付在山里的工作。

图 120 蓑衣

081

农民和町人的女儿

黑领

Black collar

幕末时期流行黑领的小袖。在此之前，人们会顺应时代使用各种颜色的领子。

小袖

Under sleeve

江户时代女性的便服。

前挂

Front hanging

除了商人以外，驿站的女仆等也挂着前挂。

草履

Straw boots

一般女性通常都会穿足袋配草履，只有艺伎等花柳界女性才会赤脚穿草履。

时代

江户时代至明治时代

贫穷朴素的农民和町人的女儿很少会成为主人公，但一定会作为配角出现在故事中。

衣着宽松

似乎有很多女性觉得穿和服实在是太麻烦了。按照现代贴身整齐的穿法，确实是很累。但是，在江户时代之前，人们日常穿着和服，是否都不会累呢？

实际上，江户时代的人们和服都穿走样了。从主插图中可以看出，他们领口敞开很大，腰带也系得很宽松，在现代穿成这样可是会觉得很羞耻的。

然而，这在当时是正常的穿法。按照现代那样穿着整齐，系好腰带，可是无法干农活和家务活的。不过，不用干家务的高级武士家族的夫人例外。

换句话说，现代的和服穿法是沿袭了上流阶层子女的穿法。而平民的和服穿法则被遗忘了，甚至在历史剧中，町人的女儿也会仿照上流阶级穿和服。

平民宽松的和服穿法是便服穿法，与现代所说的“衬衣下摆外露”类似。

腰带原本是系在前面的，是为了收拢衣服领口。但是，女性腰带变宽成为装饰后，把腰带系到背后就变得很普遍了。不过江户时代，京都大阪的已婚妇女还是会依照旧式系在前面（图 121）。

著名的齿黑（已婚妇女染黑牙齿）最初是由平安时代的贵族男女推行的。江户时代只有已婚妇女会染黑齿，不过在农村里只有祭祀和仪式的时候才会这么做。明治二年，皇室、贵族颁布了齿黑禁令，这种做法就被废除了。

图 121 腰带系在前面

082

僧侣

时代

平安时代至现代

不管是有钱的和尚还是清贫的和尚，穿着的服装基本都是一样的，区别在于布料的奢华程度。

越破越尊贵

直缀（图 122）跟僧侣平时穿的和服相似，但略有不同。颜色以黑色为主，因此也被称为黑衣。但是在现代，有时会用颜色表示僧侣的等级，所以除了黑色以外的直缀也有很多。

图 122 直缀

直缀的右侧会披上名为横被（图 123）的布（因为袈裟只会披在左肩）。最后将袈裟这块方形布披在左肩，包住身体。虽然僧侣的服装经常被称为袈裟，但袈裟实际上是披在最外层的布。

平安时代，除了主插图所示的七条袈裟外，还有小巧的五条袈裟（图 124）。这种包裹身体的袈裟会用左肩的带子吊着。

僧侣原本是禁止拥有私人财产的，所以他们捡了一些没有价值，只能用来擦拭秽物的碎布，将其拼在一起使用。垂直拼接的小块布被称为条，将条横向拼接后，可做成五条、七条和九条袈裟，条数越多越好。接着用草木染色和金属锈染等方法将其染成黄土色或蓝黑色，就是正式的袈裟了（别名粪扫衣）。据说袈裟的布料越破越尊贵。

在佛教发源地印度，因为气候温暖，只穿袈裟就足够了。但中国北方和日本较为寒冷，因此会在袈裟里面穿各种衣服。以上就是日本僧侣穿的服装。

图 123 横被

图 124 五条袈裟

083

虚无僧

天盖
Canopy

虚无僧戴的深斗笠。

大挂络
Big hook

通两肩悬于胸间的小袈裟（这个叫挂络，其中比较大的叫作大挂络）会用粗带子固定。因为较小，所以不能覆盖身体。

尺八
Shakuhachi

尺八是因1尺8寸长而得名的日本管乐器，由竹子制成。在江户时代，虚无僧为了化缘，会吹奏尺八告知周围的人。

念珠
Prayer beads

左手缠着念珠。

偈箱
Gatha

这是长8寸（日本测量单位，约25厘米），宽5寸（日本测量单位，约15厘米）的黑漆桐木箱，会通过黑色带子挂在脖子上。

手甲、绑腿
Hand armor, gaiters

手甲和绑腿都是蓝色的，使用白色的情况不多。但现在的虚无僧几乎都是用白色的。

带竹
Belt bamboo

本来是装尺八的袋子，但在江户时代一般会放胁差，插在腰带后面。

时代

江户时代

神秘的虚无僧是历史剧中的经典人物之一，一般扮演的都是身份不明的人物。虚无僧的天盖在其他剧中还能起到类似面具的作用。

密探的伪装

禅宗有一派叫作普化宗。

这个宗派半僧半俗的僧侣被称为虚无僧。原本被称为荐僧，是为了在任何地方都能坐禅而将蒲包缠在腰上的僧人。

德川家康颁布《庆长之掟书》，给予了虚无僧往来自由（不被关口等阻挡，可以去日本全国任何地方），允许带刀，允许逮捕不法之徒等特权。但施加了只有武士家族才能成为虚无僧的限制。

只是，浪人因无法谋生假扮虚无僧的情况变多，于是出现了很多品性恶劣的虚无僧，去村里敲诈金钱，索要食物。

虚无僧原本的装扮是普通的草笠加白色的小袖，但到了江户时代，变成了现在已知的虚无僧装束。

虽然在主插图中看不到，但虚无僧会戴白色的缠头带（图 125）。腰带跟平民一样用角带，通常系在背后打贝口结。

图 125 白色的缠头带

衣服会穿灰色或蓝色的小袖（现在很多虚无僧会穿白色的小袖，但江户时代不一样），不穿袴，带子系在前面。

大多数虚无僧都会出门旅行，所以会戴上蓝色的脚绊和手甲，穿上草鞋。但是，在寺庙里的时候就不使用脚绊和手甲了，鞋子也会换成草履。

背上会挂上大挂络，从前面打结。打结方式分很多种。

脖子上会挂着黑色的箱子（称为偈箱）或者是深蓝色、黑色的袋子（称为头陀袋）。现在虚无僧的箱子和袋子表面会写上“明暗”，但这是明治时代以后的事了。当时他们的箱子和袋子上画着五三桐（天皇家副徽）。

虚无僧会遮住脸，因此出现了很多冒充者。特别是成为虚无僧后，可脱离世俗，免除刑罚，所以无赖之徒假冒虚无僧的事件频发。由于这个原因，幕府开始约束虚无僧。在小说中，密探和逃亡者也经常伪装成虚无僧。

084

神职人员

时代

平安时代至现代

在现代，只有神社的神职人员保留了平安时代的装束。

贵族服装的继承者

神社的神职人员继承了公卿的服装，但也有细微的差别。

神职人员平常穿的衣服被称为常装。上半身穿的是狩衣，因狩衣缝隙较多，会在里面穿上单衣。

这与公卿的狩衣穿法的区别在下半身。公卿在狩衣里会穿指贯袴，而神职人员除了指贯袴之外，有时还会穿差袴。差袴是长度到脚踝的袴，但不像指贯袴那样带绑带。

头上会戴乌帽子。

脚上穿的是浅沓，是由涂了黑漆的皮革制成。

狩衣可以使用喜欢的颜色，除了天皇家专用的黄栌染（黄土色）和黄丹（黄红色）以外。

但是，中祭的时候神职人员也要穿正装，白袍（衣冠上半身穿的衣服）加白色的差袴，再戴冠。

大祭的时候就要穿最正装了，袍加差袴和冠，使用的花纹和颜色如表 15 所示。

表 15 神职身份对应的正装规定

等级	袍	差袴
特级	轮无唐草·黑	白八藤丸纹·白
一级		白八藤丸纹·紫
二级上	轮无唐草·红	薄紫八藤丸纹·紫
二级		无纹·紫
三级	无纹·深蓝	无纹·浅葱
四级		

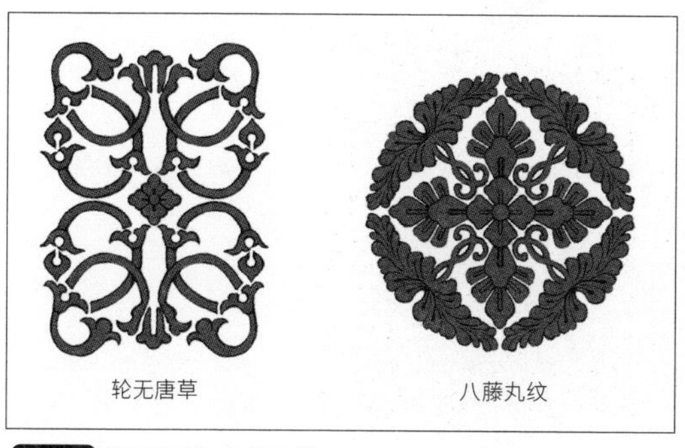

图 126 轮无唐草和八藤丸纹

085

巫女

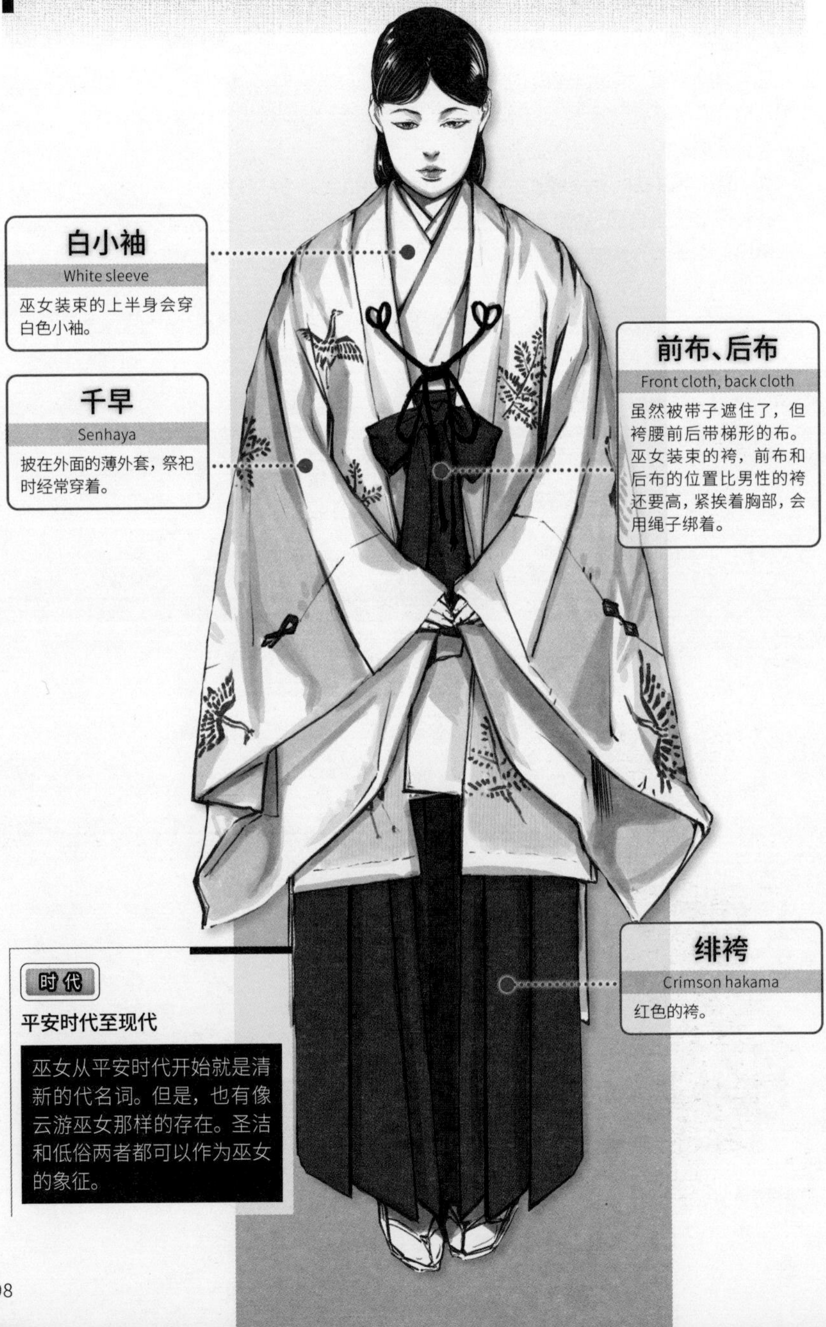

白小袖

White sleeve

巫女装束的上半身会穿白色小袖。

千早

Senhaya

披在外面的薄外套，祭祀时经常穿着。

前布、后布

Front cloth, back cloth

虽然被带子遮住了，但袴腰前后带梯形的布。巫女装束的袴，前布和后布的位置比男性的袴还要高，紧挨着胸部，会用绳子绑着。

绯袴

Crimson hakama

红色的袴。

时代

平安时代至现代

巫女从平安时代开始就是清新的代名词。但是，也有像云游巫女那样的存在。圣洁和低俗两者都可以作为巫女的象征。

不同时代的巫女

现代巫女通常穿着白色的小袖和绯袴，但江户时代之前的巫女并不一定是穿着我们现代所认为的巫女装束，很多人会穿着普通的小袖。

江户时代以前的巫女，多被称为“云游巫女”，并不属于特定的神社，而是在全国各地进行祈祷或化缘。据说战国时代还有兼做密探的巫女。

现代的巫女装束（图127），通常会在白色襦袢外面穿白衣（虽然也是白色的小袖，但是袖子没有缝合），再在外面穿绯袴。

本来是为了跳舞时方便活动，穿上有裆（将袴分成两股的隔断布）的马乘袴，类似裤子，有两条裤腿的袴。但是明治时代后换成了没有裆的行灯袴。绯袴前面有一条白色的线，在画插图的时候请不要忘记画这个细节。

祭神时会在最外面穿上千早（图128）。因千早的腋下没有缝合，所以就披在肩上。千早的花纹是山蓝色（接近黑色的深蓝色），图案有仙鹤等吉祥的动物，松、桐等吉祥的植物以及水流等。

图128 千早

图127 现代的巫女装束

山伏

结袈裟

Surplice

这是指挂在山伏胸前的宽带，上面装有圆形装饰品。带子宽度为2寸（日本测量单位，约6厘米），左右各连接了两串流苏。虽然从正面看不出来，但后颈也有带子垂下，左右依然各连接了两串流苏。

锡杖

Buddhist staff

锡杖顶部左右各挂了3个金属环。摇晃锡杖，可唤醒堕入六道轮回之人。

曳敷

Drag dressing

这是指安在臀部的毛皮，因山伏是山上子民的后裔而流传下来。用途是方便休息时能随时随地坐下。

法螺贝

Triton

由法螺贝制成的笛子，吹奏后像是佛在讲经，有降妖伏魔的威力。

时代

室町时代至现代

山伏，也称为修验者，是指在山中修行的人。因此，在自然中修行的高手很适合这种装束。

修验十六道具

山伏相当于日本山岳宗教（结合了佛教和神道，还受到阴阳道影响的教义）修验道的神官。

大多数山伏没有受过教育，主要在山岳中严修苦行。他们的教义是口口相传的，因此会将其比喻成自己的和服和携带物品来记忆。他们所携带的物品叫作修验十六道具。接下来结合主插图的解说来介绍修验十六道具。

头巾是带 12 个小褶的宝珠形头饰，由涂漆的布制成。戴在额头上，用绳子绑在后脑勺。战国时代之前，头巾和乌帽子一样大，在江户时代就变成了现在的小头巾。

篠悬是山伏穿的上衣，白色居多，但成了更高等级的山伏，就能使用各种颜色。考虑到在舞台上的美观性，能和歌舞伎中都是放在袴外穿的，但实际上在登山的时候，为了不被剐到还是会塞进袴里面。尽管如此，先达（优秀的前辈）有时也会故意把它拿出来，这叫作挂衣。

伊良太加的念珠有消除烦恼的功效。

虽然螺绪是把法螺贝绑在腰上的麻绳，但它十分粗，足以支撑人，在山中可当绳索使用。按照规定，新客（新人）螺绪的长度为 16 尺（日本测量单位，不到 5 米），度众（普通的山伏）为 21 尺（日本测量单位，6 米多），先达为 37 尺（日本测量单位，约 11 米）。

斑盖是山伏戴的斗笠，为他们遮雨挡阳。

金刚杖是八角形的木棒，在山里步行时能当拐杖，用棒术战斗时会变成武器。

脚绊和其他地方的一样，但会用黑色的，只是现在通常使用的是白色的脚绊。

桧扇是由桧木薄片做成。

柴打是指刀，因砍了护摩树而得名。

草鞋是指由草编织而成的凉鞋。不过在现代为了保护双脚，经常使用地下足袋。

背后背的笈（图 129）是放法器的箱子。笈上还会放一个长 1 尺 8 寸，宽 6 寸，高 5 寸的肩箱，里面会放入经书等。

图 129 笈

087

医生

光头

Bareheaded

虽然医生不是和尚，但还是剃了光头。

刀

The knife

医生被赐予姓氏，允许带刀。当时没有武器外出是很危险的，因此他们旅行时会佩刀。但这仅仅只是用来自保，所以不会像武士那样佩戴两把刀。

十德羽织

Haori Totoku

医生通常穿羽织，根据他们的身份地位，所穿的羽织也会有所不同。城里的医生穿的是普通的羽织，但幕医和藩医等侍奉武士家族的医生会穿十德羽织。

脚绊、草鞋

Foot trip, straw shoe

因为主插图中的医生是旅行的装扮，所以为了方便走路会穿草鞋系脚绊。但如果只是在城里看病的话就不会系脚绊，而是直接穿着草履过去。

时代

江户时代

冒险常常会受伤，这时就需要医生登场了。

不是僧侣却也脱离世俗

在江户时代，医生是特殊的职业。虽然不是武士，但被赐予姓氏，允许带刀。就算犯罪也不会被关进牢房（关平民），而是被收押在扬屋（关武士和神官）。

医生分为本道医（内科医生）和兰方医（外科医生，也看内科），本道医通常会剃发。不过，本道医中由儒学者变为医生的儒医，会留跟儒学者和兰方医一样的儒者头。

医生剃发是因为世俗之人与高贵之人的碰面和触碰都是不被允许的，所以通过模仿僧侣，作为世俗之外的人来行医，就无须考虑对方的身份。

除此之外，还有说法认为，镰仓到战国时代的从军医生为了避免在战场上被杀才剃发成为僧侣。

考虑到在江户时代出现的兰方医都留着头发，后者可能更接近事实。

医生穿的十德羽织和普通的羽织不同（如表16所示）。通常由罗或纱做成，袖子不是圆袖，而是宽袖。

医生总是随身携带药箱（图130）。但有学徒和小者（男仆）的医生，会让学徒和小者拿着药箱。

图130是兰方医的药箱。虽然本道医也会随身携带药箱，但不像图中会放很多装药的玻璃瓶，而是放陶瓷瓶和纸包的药。

表16 十德羽织和普通羽织的区别

	十德羽织	羽织
袖口	宽袖	小袖口
袖子	角袖	圆袖
领子	无翻折	有翻折
胁	有褶皱	有裆
前面的带子	用一种布料制成的带子	丝带
家徽	无	礼服上会加
布料	罗或纱	各种各样

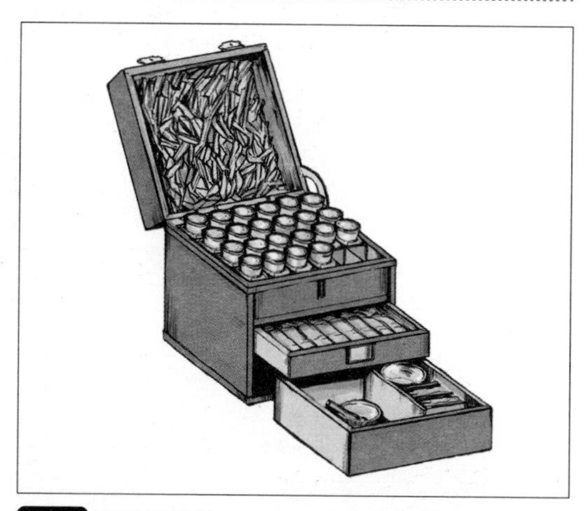

图130 兰方医的药箱

088

俳句诗人

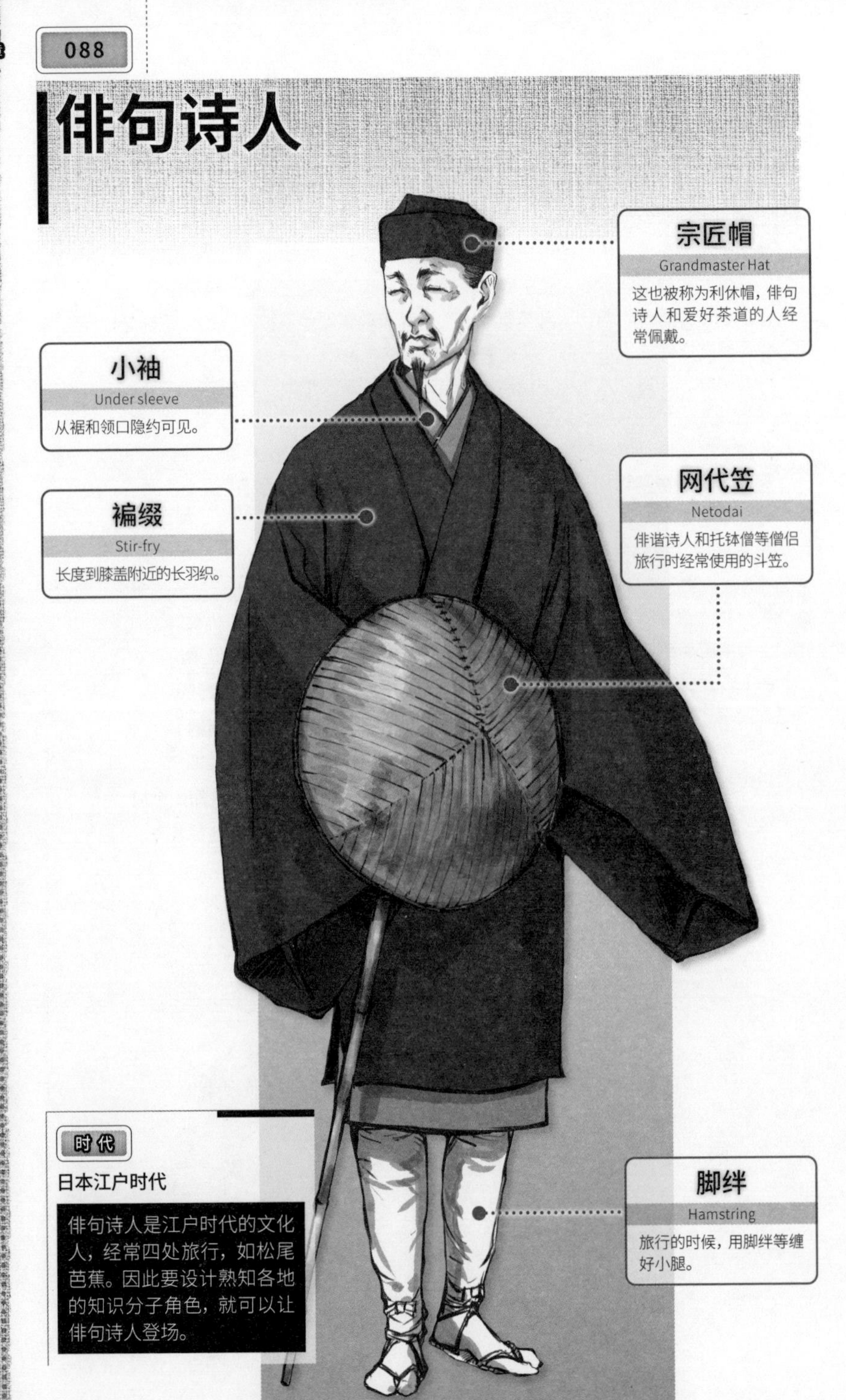

时代

日本江户时代

俳句诗人是江户时代的文化人，经常四处旅行，如松尾芭蕉。因此要设计熟知各地的知识分子角色，就可以让俳句诗人登场。

艺术家的服装？

有一种名为褊缀的服装，一般人不怎么穿。它是结合了褊衫和直裰这两种衣服的羽织，是俳谐诗人、狂歌师、围棋手、象棋手、占卜师等从事不寻常职业的人们所穿的服装。

褊衫是僧侣在袈裟里穿的衣服，袖子很大，甚至可以遮住手腕。这种衣服与普通的和服穿法相反，它是左前穿法（以自己的视角，左领贴胸口，右领再盖到左领上）。

直缀也是僧侣穿在袈裟里的衣服，但或许因为这是在日本制作的，所以直缀和普通的和服一样是右前穿法。

因褊缀没有实物，也很少有相关的资料，所以认为褊缀是这两种衣服的结合体。在《和汉三才图会》的卷二十七中，写着褊衫的俗称是褊缀，但这本书中的褊衫与现在为人所知的褊衫是两回事。一般认为，这本书中被看作是褊衫的衣服，其实是俳句诗人们作为上衣来穿的褊缀。

褊缀如图 131 所示，袖子像振袖一样长，而且与普通的和服不同，袖子有 2 幅宽（约 72 厘米），所以穿起来手就会被遮住。

另外，作为羽织的褊缀，长度到膝盖左右。为了方便走路，侧边下摆会留出 5 寸（日本测量单位，约 15 厘米）左右，不进行缝制。

在主插图中，描绘了俳谐诗人的旅行装扮，灵感来自喜爱旅行的松尾芭蕉。因此诗人腿上会绑上脚绊，穿上草鞋。

在江户时代，有一种被称为俳谐诗人的专业俳句诗人。他们会在连歌所上课，出版连歌书籍，进行私人授课，邀请富裕的商人等参加连歌会，以此来谋生。芭蕉也是俳谐诗人之一，但他在那时并不是像现在这样鉴赏单一的俳句，而是鉴赏长连歌。

图 131 褊缀

089

平民男性的发型

时代 平安时代至江户时代

平民的发型很大程度上受到了更上层的武士家族的影响。

平民的髷

从平安时代开始，普通平民男性也会扎发髻。

最初的发髻出现在平安时代，戴冠和乌帽子的时候，为了把这些发髻扎在头发上而做成的，但是，这种习惯在平民中也广泛传播，无论多么贫穷的人都会戴上乌帽子。

到了江户时代，这种戴乌帽子的习惯被废除，人们开始露出扎着各种髷的脑袋。很多男性是从月代（从额头到头顶的部分）来扎发髻，但是一部分特殊的职业是总发（不制作月代，全部都有头发的状态）。本来不戴头盔的平民是不需要剃月代的，但是在江户时代就完全作为风俗之一固定了下来。

①发髻：杂色（一种职位）或者是马夫等不戴乌帽子时，会将头发垂在背后。

②断发：不做髷，将头发剪到肩膀左右的发型，山伏很喜欢。

③总发二折：将总发（不剃月代的发型）扎成髷。这是町民中守旧的人经常做的发型。

④蝉折：相扑选手和侠客喜欢的髷，髷的发梢朝上如同蝉一般。

⑤豆本多：剪短头发扎成小髷的发型，深受侠客喜爱。

⑥束发：髷的发尾向上散开的发型，混混很喜欢。

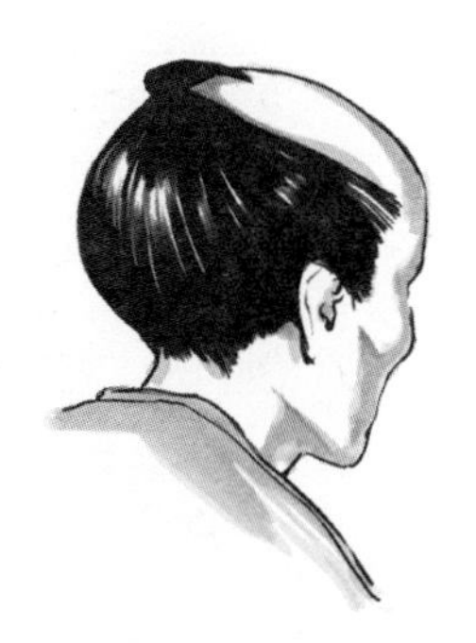

⑦丁髷：老人等头发比较少的人，不能绑大髷，不得已才做成的小髷。

⑧儒者头：儒学者和医生（兰方医）等人用总发扎成小髷的发型。

090

平民女性的发型

时代 平安时代至江户时代

平安时代女性的发型，简单又统一。但是到了江户时代，人们变得富裕起来，于是出现了各种各样的髷。扎不同的髷，可以变得时髦凛然，也可以变得土气庸俗。

女髷的发展

一般女性因为需要工作，所以在比较早的时代就扎起了头发，随后在室町时代发展成女髷。女髷是模仿男髷而形成的，但是很快就演变成了女性争奇斗艳的手段，在和平富裕的江户时代尤其激烈。

根据髷的样子，可以大致知道那个人的职业和婚姻状况。另外，即使是同样的髷，根据用法和扎法，可以变得美观性感，也可以变得土气。

①短垂发：平民女性的头发剪到腰部左右，在脖子附近用元结系起来。

②卷发：室町时代的平民会将垂发扎起来，剩余的头发则缠绕在头上。大部分情况下，头上都会包白布。

③唐轮：在江户时代被称为兵库髷，主要流传于花街。据说一些女歌舞伎演员和女武者也会用这个发型。后来从这个唐轮髷演变出了各种各样的女髷。

④胜山：因艺伎胜山使用而得名的髷。扎法是将头发扎起，发尾向上形成一个环后绑好。

⑤元禄岛田：在各式岛田髷中，这是最常见的发型。

⑥笄髷：也叫片手笄，是在京都大阪流行的发型。扎法是把头发用元结绑起来，再缠到笄上。头上还会戴轮帽子，这是江户前期外出时用的简易帽子。

⑦贝髷：这种在京都大阪被使用的发型需要把簪竖起来，再把头发缠到上面，多余的部分则露在外面。鬓角的部分被称为灯笼鬓，因为头发横向延伸，头发的量变少，看上去有点透，因而得名，在江户中期得到传播。

⑧栉卷：一种将头发缠到梳子上，再将髷扎高的发型。头发缠在颠倒的梳子上较为时尚，又不费事，在江户时代很受欢迎。

⑨高岛田：别名奴岛田，在京都被称为文金岛田的发型。未婚的年轻女性通常会将髷扎高。原本是武士家族的发型，但平民穿正装的时候，也会梳这种发型。

⑩玉川岛田：上了年纪的女性经常梳的发型，鬓发较为蓬松，相对朴素。

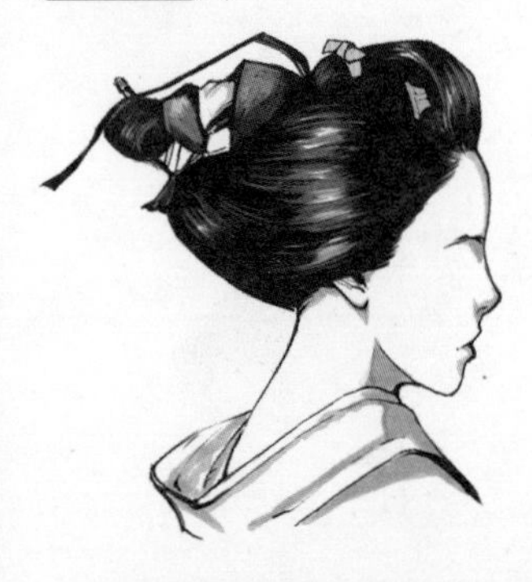

⑪先笄：20 岁左右的年轻已婚妇女扎的髷，是京都风格的发型。栉、笄插在头发上做装饰，最好使用同一材质的一套。

⑫雌鸳鸯：这是京都舞妓成为艺妓时扎的髷。另外，20 岁左右的町民女儿在结婚前也会扎这种髷。

⑬横兵库：髷变得很大，且会分为两半的发型。

⑭丸髷：已婚女性的髷。根据年龄，髷的大小也不同，越年轻越大，越年长越小。手络（把髷扎起来的布）也会有所不同，年轻妇女用红色，上了年纪就换成了淡蓝色。

⑮两轮：中年已婚妇女经常梳的发型，在京都、大阪特别受欢迎。先笄是更年轻的时候梳的发型。

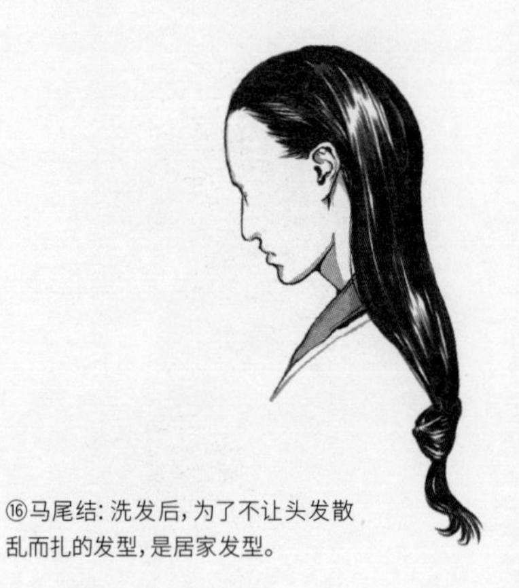

⑯马尾结：洗发后，为了不让头发散乱而扎的发型，是居家发型。

第6章

近代日本

大正时代至战前时代

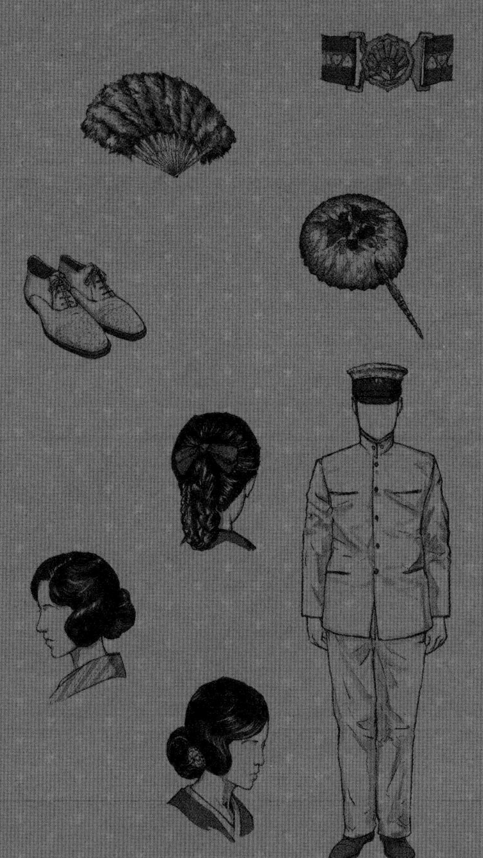

大正浪漫时代

091

大正浪漫时代

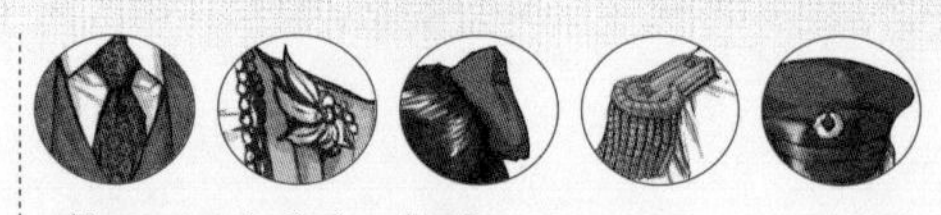

The Period of the Taisho Romance

转瞬即逝的自由时代

从明治时代结束到昭和时代开始，大正时代只持续了 15 年。恰逢第一次世界大战爆发，进入了动荡时期。但是远离主要战线，因特需景气而经济变好的日本，在进行战争的同时也在讴歌自由的时代。

日本受到浪漫主义的影响，比欧洲晚了 100 年左右。直到大正时代，大多数人们才开始追求个人自由。大正民主的诞生，让民主主义、自由主义的理念也得到了一定的普及。

昭和初期，随着大萧条的来临，日本转变为军国主义国家。日本的浪漫主义并没有改变社会的力量，只停留在个人的小小自由上。

然而以大正时代为背景进行创作的话，却是十分方便的。大正时代人们的日常生活和工作，会让我们觉得很有共鸣，也会十分感兴趣。具体理由如下所示。

第一，虽不及现代，但有自由的氛围。信奉民主主义、崇尚自由主义的人在这个时代变得无比自然。此外，这个时代建成了大多数商场，大学毕业的工薪族也急剧增加。

第二，1923 年发生了关东大地震，东京变成了一片火海。许多创作作品将这场地震归结为魔法灾难、怪兽的袭击、邪恶组织的阴谋等。另外，还发生了很多其他事件，比如第一次世界大战的爆发，爵士乐和日本歌谣曲的流行。

第三，文化习俗和现代大相径庭。

也就是说，处于多事之秋的大正时代是非常方便的舞台，不仅可以创作出思想前卫、容易对其行动产生共鸣的主人公，还充满了异国氛围。

和服和洋装的结合

在时尚方面，大正时代也毫不逊色，服装种类甚至比现代还要多样化。

首先，大正是可以让和服和洋装同时登场的时代。在城市里洋装成了主流，但是到了乡下还是有很多穿和服的人。另外，出现同时穿着和服和洋装的人也十分正常。

其次，在现代日本，要是日常生活中出现穿和服的人是有违和感的，但是这个时代就没有问题。

最后，尽管有上述提到的巨大差异，但这个时代的审美观在现代依然受用。例如，竹久梦二的画虽然有点过度浪漫化，但是纤细可爱的少女和现代的萌系少女相似，在现代也很受欢迎。中原淳一的前卫的画作就像现代时尚杂志的插图。

因此，在视觉上也能展现多样性的大正时代是能轻松赋予角色特点的时代。

092

19~20 世纪上流社会男性白天的正装

白衬衫

White shirt

白色翻领（Turndown collar，日本常用的衬衫领子）衬衫。比较正式的穿法是，从袖口能隐约看到贴合手腕的衬衫。

领带

Necktie

黑白斜条纹领带最为正式。

马甲

Waistcoat

黑色或灰色的马甲，材质通常跟外套不一样，但有时也会使用同种材质。

晨礼服

Morning coat

前面是斜切设计，但因为不是骑马服，所以后面没有开衩。纽扣只有 1 个。

西裤

Formal trousers

竖条纹的裤子（偶尔也会有格子图案）。因为是用吊袜带吊起来的，所以不用穿皮带。

三接头牛津鞋

Capped-tow Oxford

黑色皮鞋，三接头（脚尖上有一条横线），封闭鞋襟（Balmoral，系鞋带的部分与鞋面一体化）是最正统的。

19~20 世纪

在游戏中，有很多场合需要穿正装，如觐见国王、接受授勋、出席仪式等。另外，敌对方的掌权者通常也都会穿礼服。

扎根于日本的西洋风正装

大正时代，日本的正装是西式风格的，只有部分天皇家的仪式需要用到和服。大部分的官方活动，如任命首相和大臣、授予勋章（军人除外），都会穿上晨礼服等西式风格的正装。即使在现代，大臣们也会穿晨礼服出席内阁的就职仪式。就算就职仪式在深夜也会穿晨礼服，虽然按照国际标准是错误的，但这是日本独有的风俗。

正装有详细的规定需要遵守。像出现正装礼服的场景其实是非常恐怖的场景，能暴露出创作者有无学识。

现在世界上公认的正装有三种类型。

其中一种是 19 世纪末至 20 世纪初在欧洲诞生的正装·礼服。男士正装基于维多利亚时代前期的上流社会男士正装 028 的规则，其后亦无太大变化。他们会穿着晨礼服、燕尾服、无尾礼服等。不过，女性的正装会以半礼服和晚礼服为主，像维多利亚时代的上流社会女性 033 中的巴斯尔裙已经过时了。另外，现代的晚礼服还是偏华丽，但不如这个时代这么奢华，半礼服则变得越来越朴素。

第二种是各个国家的正装礼服。比如日本人的正装，男性是纹付袴，已婚女性是留袖，未婚女性是振袖。印度人的话就是纱丽。穿着这样的服装去参加别国的仪式，也不会失礼。但只有本国人穿着的服装才被认为是正装礼服。如果一个美国人穿振袖，可能会觉得很时尚，但并不是正装礼服。

第三种是制服。学生的制服可直接作为正装使用。另外军人虽然有好几种军服，但除了战场上穿着的战斗服，还有被称为正装礼服的军服。不过，由于提倡简朴，很多国家废除了正装军服，将装饰有勋章的常服（正常上班时穿的军服）作为正装。

最常见的西式正装，白天和夜晚也分不同的规则。

晨礼服，顾名思义，是从上午的散步服演变而来的白天正装。因此，夜晚是不能穿着的。

093

19~20 世纪上流社会男性夜晚的正装

领结

Black tie

穿正装的无尾礼服一定要配黑色的领结，戴其他颜色的话，就变成了休闲服。

腹带

Cummerbund

上衣里面穿的装饰腹带，后面用绳子绑着。腹带分上下，穿戴时褶皱面朝上。20 世纪 20 年代前，腹带不算在正装内，而是必须穿马甲（Waist coat）。无尾礼服的扣子原本是扣好的，但为了让大家看到腹带，插图中特意将其解开。如果纽扣扣着的话，能透过衣领隐约看到一小部分。

披肩领

Shawl lapel

在 20 世纪 20 年代之前，无尾礼服的领子仍是缎子材质的披肩领（类似披肩的圆领）。到了 20 世纪 20 年代，出现了下图样式的尖领（Pointed lapel，领口呈尖角形），用缎子等反光材质制成。

侧章

Galon

为了遮住裤子外面的接缝，在上面缝制了缎带。

时代

19~20 世纪

夜间派对是男女约会的最佳场合。尤其是一起跳舞的场景，优雅又美丽，十分推荐。

需要穿礼服的场景

白天和夜晚的礼服样式截然不同。夜晚的礼服领子大多用亮面缎料制成。据说是为了在黑暗的房间里，能稍微映照出脸庞。

男性晚礼服分为白色领结（White tie）和黑色领结（Black tie）。白色领结更正式、更夸张，主插图中展示的黑色领结是更晚出现的休闲服，后来才演变成正装。

白色领结的晚礼服包括燕尾服、白色领结、立领、乌贼胸、双孔、袖扣衬衫、马甲。裤子不穿皮带，是用吊袜带吊起来的。

衬衫如图 132 所示，领子与普通服装不同，采用立领设计。胸前位置会拼接一块长条状的双层布料。衬衫两侧有纽扣孔，用饰钮（图 133）固定。袖口两个都有孔，用袖扣固定（没有普通衬衫那样的纽扣）。饰钮和袖扣用大珠母贝更正式。

黑色领结的晚礼服包括无尾礼服、黑色领结、立领、乌贼胸、双孔、袖扣衬衫（20 世纪 20 年代以后，褶裥衬衫也可以），马甲（20 世纪 40 年代以后，腹带也可以）。裤子和无尾礼服使用相同的布料，并且带有侧章，饰钮和袖扣用珠母贝制成。

无尾礼服的领子，现在会使用主要插图中的披肩领，也会使用解说中的尖领，但哪一种都不算是正装。

另外，正式礼服搭配的鞋是包漆的歌剧鞋。但是，20 世纪 50 年代以后，普通的黑色皮鞋也可以作为正装出现了。

图 132 衬衫

图 133 饰钮（珠母贝）

094

19~20 世纪上流社会女性白天的正装

领口

High-cut

领口不能开得太大，但领口可分为无领、立领、翻领等。

花边

Lace

即使是端庄保守的礼服，也会大量使用花边和丝带，展现奢华。然而现代以不花哨的素色礼服为主。

手套

Gloves

礼服袖子较长，会使用短手套，吃饭时会取下。

时代

19~20 世纪

如果你试图让上流女性穿上合适的衣服，就给她们穿上这件半礼服，可以展现出高雅和谦逊。

盛装女鞋

Pumps

有黑色、褐色和白色等，涂漆也没关系，但是，会避免使用金色和银色。

白天保持低调

女性的正装和男性一样，白天和夜晚不同。

白天基本上都穿着娴静、低调的礼服，不怎么穿亮丽的衣服。

白天女性的正装被称为半礼服（Afternoon dress）。这是在法国妇女礼服（法国 Robe montante）的基础上设计的礼服，领口闭合。这跟男性穿着的晨礼服一样，是上午到太阳落山这段时间的正装。

半礼服是丝绸（最近也有其他材质的）制成的连衣裙，领口闭合，手腕也几乎被遮住（夏天至少也得是七分袖），裙子的长度到脚踝（也有几乎拖地的）。

鞋子要穿盛装女鞋，黑色和白色都可以，但是要避免使用金色和银色。

日本的皇室女性在白天的仪式上穿的就是半礼服。

此外就没有什么限制了，因此即使穿着正装的女性也能充分地表现出多样性。

既然领口闭合，那就在上面披上披巾、毛皮、波蕾若外套（长度短，前面敞开的夹克）和夹克，即使有领子也无妨。

珠宝首选珍珠，因为过于闪耀和显眼的宝石较俗气，不过戴一两个还是可以的。

20 世纪前半叶之前，出现了很多有华丽刺绣的礼服，现在的主流则是素色雅致的半礼服（图 134）。

图 134 素色雅致的半礼服

095

19~20 世纪上流社会女性夜晚的正装

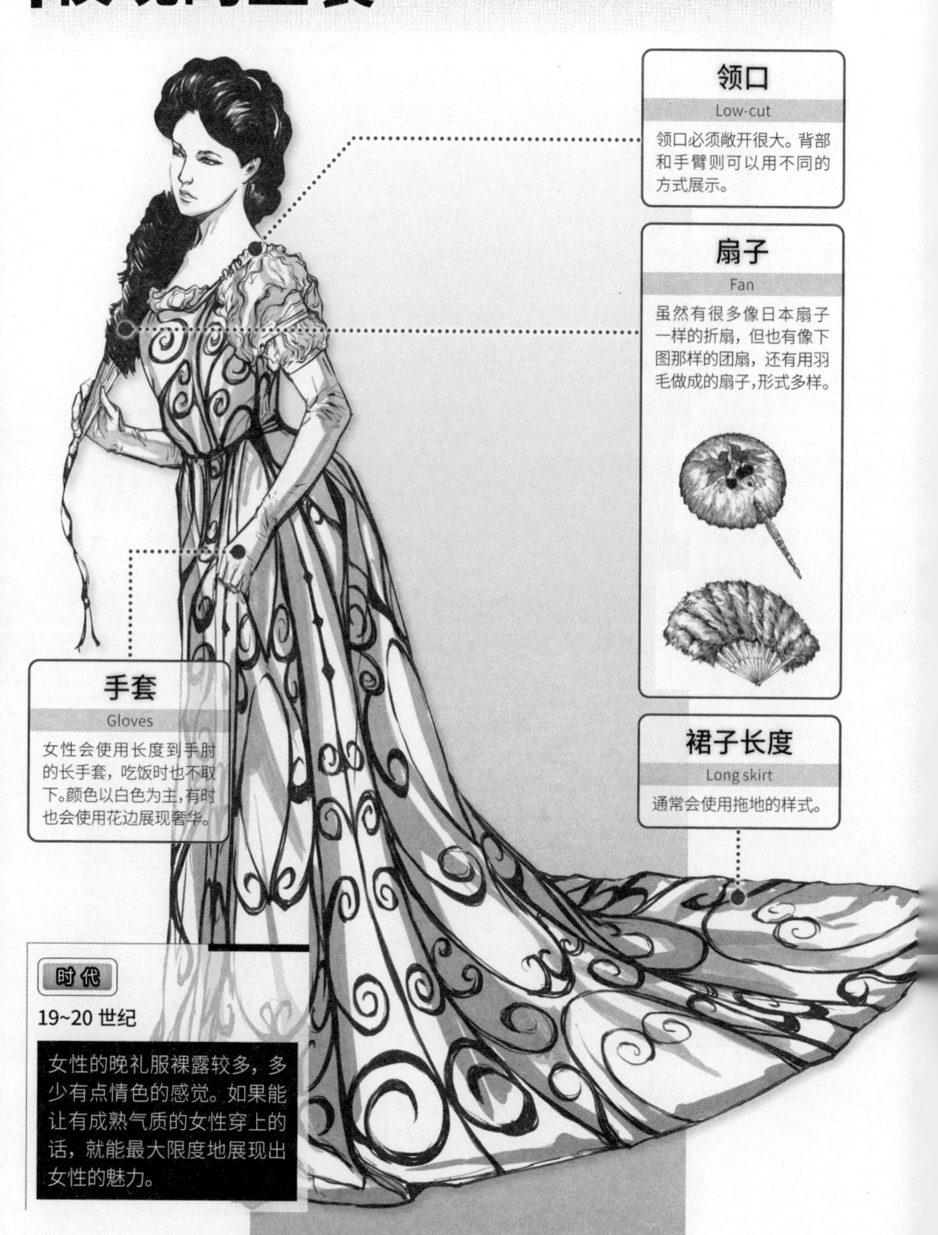

时代

19~20 世纪

女性的晚礼服裸露较多，多少有点情色的感觉。如果能让有成熟气质的女性穿上的话，就能最大限度地展现出女性的魅力。

夜晚奔放的礼服

作为女性夜晚正装的晚礼服（Evening gown），最初是基于法国低胸装（法 Robe décolletée）设计的礼服。奔放性感，与白天的正装相差较大。

低胸在法语中的原意是“无领”，是表示从脖颈到胸口的部位，甚至还能表示乳沟。顾名思义，低胸装是从肩膀到胸部敞开，最大限度表现女性美的礼服。

同男性的燕尾服和无尾礼服一样，作为夜晚的正装穿着。

低胸装是一种使用丝绸、天鹅绒、缎子和玻璃纱等昂贵布料制成的连衣裙。衣领敞开，露出了脖颈和后背。衣服多为无袖，或者有袖子但非常小，有时也会裸露肩膀。到了20世纪，挂脖礼服（图135）等也逐渐被接受。

衣服会使用编织花纹或刺绣花纹，不使用印花花纹。

头上会用皇冠、冠状头饰、面纱和鸵鸟羽毛（在这种情况下会戴在左侧）等来装饰，不使用帽子。

手套是白色或是与裙子同色的长手套（长度到手肘的手套）。接缝必须是内缝。

鞋子的话，一般穿和礼服同色，由布或者缎子、皮革等制成的盛装女鞋。颜色以黑色、白色为主，但是华丽的金色、银色鞋也可以穿。

手上通常会拿扇，但现代会用有光泽的小提包取代扇子。

低胸装因为胸口敞开很大，行走时需要披上外套。外套款式丰富多样，有只盖住肩膀的，也有包裹全身的样式。

图135 挂脖礼服

096

上班族

白衬衫

White shirt

白色翻领(Turndown collar，常用的衬衫领子）衬衫。

马甲

Vest

带马甲的西装被称为三件套，不带马甲的西装被称为两件套。20 世纪 50 年代之前必须穿马甲，但这之后逐渐被省去了。

共布

Suite

西装的外套和裤子是用同样的布料制成的，如果是用不同的布料制成的话，那就不叫西装了。

领带

Necktie

最时尚和最正式的领带是小纹领带，上面布满了小花纹。看上去很正统的素色领带，反而不是用于正式场合的。

纽扣

Buttons

站立时，如果衣服是三颗纽扣，就扣上最上面两颗。如果是两颗纽扣，就扣上面的那颗。这张插图是为了让大家看到里面的马甲特意敞开的，其实扣上才是正统的穿着方法。

袖子

Sleeves

自然地把手臂放下来的时候，外套袖子的长度是无法盖住手腕的。另外，从外套袖子可以看到1厘米左右的衬衫才是正确的穿法。

皮鞋

Oxford

选择黑色或棕色的皮鞋，颜色要与皮带保持一致，不能穿运动鞋。

时代

19~20 世纪

在大正时代，穿着西装的上班族变得很普遍。虽然现在已经是成年人的制服了，但是当时穿着西装的男性，可是站在潮流的前端。正邪双方都有很多穿着西装的男性，但是同一件西装，采用不同的穿法，能够展现穿着之人的为人处世。

是否正确穿着西装

西装有多种穿法，穿搭得当可以使人变得帅气，反之则土气。

接下来介绍最正统的穿法。

西装的扣子通常是两个或三个。两个扣子的话，只扣上面那一个。三个扣子的话，只扣中间的扣子，或只扣上面两个扣子。最重要的是不能扣最下面的扣子。要是扣上了的话，就会变得很土气。不过要是设计的角色是乡巴佬的话，就没问题。

衬衫的袖长到手腕，为避免偏离，要使它紧贴手腕，袖子肥大会显得不洋气。袖子要注意预留长度，即使活动手腕也要让袖子的位置保持不变。

衬衫的袖子要长出西装袖子 1 厘米左右为佳。外套袖子过长遮住衬衫，或者连手掌都盖住了，是非常土的。不习惯穿西装的人，如刚进公司的新员工，或者是身材不好的大叔等上班族可以做这样的装扮。

裤子下摆以贴近鞋面为佳。过短的话，就像长高的孩子穿的衣服。但要是过长遮住鞋子的话，就感觉像是借过来的衣服。

虽然也有双排扣西装，但这种西装是在 20 世纪 30 年代以后才变得普遍（双排扣西装给人的印象是帮派的人穿着的衣服，但 20 世纪 20 年代的帮派是穿单排扣西装的），在那之前都是单排扣西装（图 136）。

外套口袋有袋盖。原本是为了挡雨而设计的，因此晴天应把袋盖塞到口袋里。

领带的长度以剑尖（前面的三角形部分）稍微靠近腰带为宜，太长的话会显得邋遢，太短的话会显得很土。

斜纹图案的领带被称为联队领带，每个英国陆军联队都有一个固定的图案。随后，学校和其他组织也开始设计自己的图案。打上联队领带，就能表明自己是某个组织的成员。这种风俗也被引入了日本，因此懂行的人看到联队领带，就能了解他人的来历。

图 136 单排扣和双排扣

097

摩登女郎

钟形帽

Cloche hat

虽然在昭和时代变成了金田一耕助戴的土气帽子，但大正时代的钟形帽是走在时尚前沿的女性爱不释手的时髦毡帽。在20世纪20年代也风靡欧美。

香奈儿套装

Chanel suit

据说可可·香奈儿设计这件衣服是为了解放女性，外套类似于男性的外套，裙子长度及膝。

口袋

Pocket

在那之前的女式套装是完全没有口袋的，但因香奈儿套装的诞生，女性套装才加入了口袋。

裙子长度

Short skirt

20世纪20年代，出现了及膝的裙子。

时代

19~20世纪

这个时代的服装非常接近现代，以至于今天仍然可以作为女性的工作服使用。大正时代的摩登女郎会紧跟欧洲的时尚。因此让角色穿上洋装就能展现女性的富裕、自由和奔放。

职业女性的服装

第一次世界大战对女性服装也产生了重大影响。因战争需要大量士兵，导致男性劳动力短缺。于是，女性开始工作（尤其是在工厂等地），职业女性穿着的服装也应运而生。现代女商人的西装就是在这个时代诞生的。

裙子被设计成直线形，长度适中，方便行走。另外，抛弃过度装饰的简单服饰也开始受到青睐。一方面是受战争时期提倡节俭的影响，另一方面是因为职业女性追求便于工作的服装。

束腰（穿这样的衣服根本无法工作）也被废弃了。随之出现的就是文胸（文胸是在这个时代诞生的）。

虽然服装变得简洁，但这个时代的化妆技术提升了。眼影开始流行，口红也是在这个时代变成像现在这样的圆筒形。

其中特别有名的是主插图那样的香奈儿套装（与男性西装相似的风格）。U 形领的男孩风晚礼服（图 137）也是在这个时代出现的。

第一次世界大战结束后，出现了一批受过教育、拥有职业、享受自由恋爱的女性。她们被称作假小子，意思是“像少年一样的姑娘”。

在日本也同时掀起了这股流行风，但大正时代很多年轻女性依然穿着和服。不过，富裕又追求时尚的女性还是会以这样的打扮走在银座中（当时最潮流的地方）。我们称她们为摩登女郎，简称“摩女”。

图 137 男孩风晚礼服

098

大正的普通女性

披巾

Shawl

大正时代时尚的和服穿法是在铭仙上披上披巾。在那之前是将正方形的披巾折叠成三角形披在肩上的。但到了大正时代，流行纵向折叠的长方形披巾。

铭仙

Meisen

现代几乎不使用的丝绸“铭仙”，在大正时代深受欢迎。

色彩鲜艳的和服

Brightly colored kimono

随着化学燃料的发展，出现了草木染等无法染成的华丽色彩。因此，和服也使用了鲜艳的色彩。但是要将色彩多样的衣服搭配好的话，需要相当高的品位。

现代和式花纹

Modern harmony pattern

和服的花纹融入了当时的欧洲文化，如新艺术运动和装饰风艺术，被称为“现代和式”。

时代

大正时代

在大正时代，依然有很多穿和服的女性。如果设计的角色是良家女子，穿着和服可以表现出她是在一个保守的家庭中成长，生性温柔谨慎的女子。

十分流行的铭仙

在大正时代，穿和服比穿洋装的女人多得多。洋装普及到一般家庭是在关东大地震之后。因为遭遇地震，洋装比和服更容易行动，更安全，所以才得以普及。

以和服为主流的时代过去后，留日本发型的女性开始减少，束发逐渐增加。但桃割等比较容易做成的日本发型，到昭和初期为止一直受到喜爱。

从大正到昭和初期，深受普通女性喜爱的就是铭仙和服。

所谓铭仙，是指先染色（在丝的阶段染色，用染好的线织成布匹）的一种丝绸。最早的铭仙是以被蚕粪弄脏的茧（屑茧）等不能直接加工成白色漂亮丝线的蚕茧为材料制作而成的。

这种蚕茧在只有草木染的时代不能染成漂亮的颜色，因此十分便宜。在初期，只有女仆等会穿铭仙这种廉价的和服，虽然颜色不好看，但很结实。

因铭仙是先染色，所以不能绘制复杂的花纹，只能做出碎白点和竖条纹等简单的花纹。

但是进入大正时代后，化学染料的发展极大地提升了铭仙的价值。只要使用强劲的化学染料，就算是铭仙也能染出漂亮的颜色，价格和质量还能保持不变。

另外，使用纸样，即使是先染色的铭仙也可以绘制复杂的花纹。这些和服上的花纹并不局限于传统的日式花纹，还有很多像图 138 所示的玫瑰和帆船等欧洲元素的花纹。因此，象征自由的时尚和服得到了进一步的传播。

结实华丽的铭仙做成的和服，对当时活跃的女性来说十分方便，而且很符合她们的心境，所以非常流行。

图 138 现代和式的和服花纹

099

旧制高中生

学生帽

School cap

当时的人们戴帽子是很正常的，学生会戴角帽。

长发

Long hair

这个时代有许多学生会留长发。不过，只能用敝衣蓬发来形容他们，凌乱的长发配上破破烂烂的衣服。

立领

Stand collar

当时旧制高中、大学的制服上是黑色的立领。

外套

Coat

说起旧制高中生的外套，很多人都会想到披肩大衣（无袖的外套），但也有很多穿普通外套的学生。颜色以黑色或深蓝为主。

木屐

Clogs

粗野的学生们基本都会赤脚穿木屐。穿黑色皮鞋的话，会被认为是华族等上流阶层。

时代

20 世纪前半叶

旧制高中和帝大的学生很适合“粗野”这个略带古旧气息的词语，他们是当时女性憧憬的对象。作为精英，通过不同的穿法，可以变得野性或优雅。

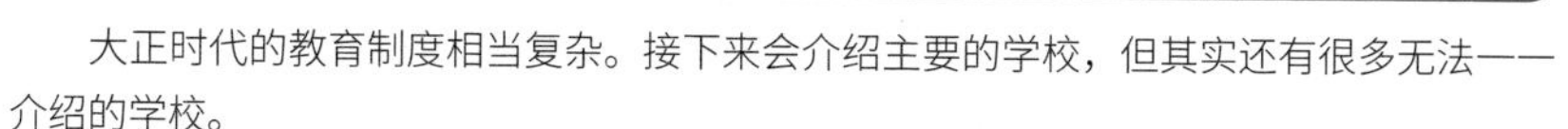

学生服配木屐

大正时代的教育制度相当复杂。接下来会介绍主要的学校，但其实还有很多无法一一介绍的学校。

首先相当于现代小学的普通小学是六年制，大部分孩子只能上小学。

上完小学的孩子可以上两年制的高等小学，或者四到五年制的旧制中学（只限男生）或高等女学校（只限女生）。此外，还可以去五年制的实业学校（农学校、商业学校等）。另外一些学生也会从高等小学升入四年制师范学校（培训学生成为老师而设立的学校）。

从旧制中学毕业的人可以进入三年制的旧制高等学校。它被认为是现在大学的人文学院，只有真正的超级精英才能进入这里。

初期的旧制高中在全日本只有8所。这些被称为编号学校，很受重视。之后增设了旧制高等学校，数量达到了39所，包括国立、公立和私立。

从旧制高等学校毕业后，就可以进入三年制的大学（医学院是四年制）。大学的招生名额几乎等同于旧制高等学校的学生名额，所以只要毕业于旧制高等学校，不挑剔，就可以进入某个大学。

因此，虽然大学的入学考试比较简单，但旧制高等学校的入学考试，竞争却十分激烈。

表17 旧制高校名及所在地

学校名	场所
第一高等学校	东京
第二高等学校	仙台
第三高等学校	京都
第四高等学校	金泽
第五高等学校	熊本
第六高等学校	冈山
第七高等学校造士馆	鹿儿岛
第八高等学校	名古屋

16
15
14
13
12
11
10
9
8
7
6
5
4
3
2
1
大学
旧制高等学校
师范学校
高等小学
旧制中学校
高等女学校
实业学校
普通小学

图139 大正的学校

100

大正的女学生

丝带
Ribbon

为了绑头发开始使用西式丝带。

铭仙
Meisen

被称为铭仙的廉价丝织品深受欢迎。

垂发
Drooping hair

有很多女学生不扎髻，会用丝带绑起头发。

女袴
Women's hakama

像裙子一样的一体式袴（行灯袴）。通常的袴，会在后腰放入名为腰板的厚纸板，但当时的女袴在胸部下方收腰，所以不使用腰板。

时代
大正时代

明治时代的袴是独立女性的象征。在大正时代，成了女学生的象征，表明她们是受过高等教育，自我意识较强的女性。

靴子
Boots

也许是为了遮住腿，很多人会在袴下穿靴子。

袴和水手服

在平安时代，地位高的女性开始穿袴，但到了镰仓时代就被废弃了，只有在朝廷才能使用女袴。不过到了明治时代，一般女性也开始穿袴。这是因为随着文明发展，越来越多的人需要站立和坐在椅子上，她们开始追求不用担心下摆的衣服。尤其是在外工作的职业女性，特别钟爱穿袴。

另外，在学校的生活是需要站立和坐在椅子上的，因此明治四年文部省公布教育制度的同时，允许女学生穿袴。

女性最开始穿的袴是男袴，但由于受到指责，才使用了随后广为流传的女袴。女袴并没有像男袴一样有两条裤腿，而是像裙子一样。这种袴在明治和大正时期得到了广泛使用。

原本袴上穿的是振袖，但明治四十年成为学习院院长的乃木将军主张停止使用华丽的振袖，提倡用铭仙和服就可以了，所以铭仙和服成了大正的主流服饰。但是为了日常穿着印花图案衣服的皇族和华族等上流阶层女性，开发了印有花纹的铭仙。

现在袴的外面不会再穿什么了，但当时会披上如图 140 所示的羽织。

袴的颜色分为华族女子学校的海老茶式部和迹见女子学校的紫卫门这两种色调，多数学校都模仿了这两种颜色。

女子高等师范学校的袴是另一种有特色的袴，这种袴上系着一条搭扣腰带（图 141）。这种腰带现在也用于御茶水女子大学附属中学的校服上。

明治时期主流鞋类是草履，但是渐渐被皮鞋和靴子所取代。

图 140 女学生在袴外面披上羽织

图 141 搭扣腰带

101

大正警察

肩章

Shoulder patch

这是长方形的红边肩章。通过肩章可以了解地位。穿着正装的干部，通常用吊穗肩章（圆形和方形连在一起的形状，通常会从圆形部分垂下穗子，如图142）。

立领

Stand collar

警察的制服是立领。

两侧开叉

Side vents

为了佩刀，上衣两侧会开叉。

衣袋

Pocket

外套胸前和下摆两侧各有一个口袋，没有袋盖。

时代

大正时代

不管在什么故事中，只要发生案件，警察就会到来。因此，有必要了解警察的装扮，尤其是在侦探小说中就显得更为重要了。

黑皮鞋

Black leather shoes

鞋子以黑色皮鞋为主。

竖起衣领的巡警

大正时代的警察，会穿立领制服。

另外，警察在夏季和冬季有不同颜色的制服。夏季是白色（图143），冬季则是黑色的（主插图）。

上衣胸前左右都有口袋，但这是明治末期到昭和初期的制服样式，在此之前或之后，上衣胸前只有左侧有口袋。另外，帽子的样式也有所不同，需要顺应时代变化。

当时的警察不配枪，而是佩刀。但是像交警这种重视行动方便的职位，会用短刀代替不方便的长刀。

大正时代警察也曾骑摩托车出动，但是，当时并不是骑白色摩托，而是骑被称为红色摩托的豆沙色摩托车。

图142 肩章

图143 夏季制服

102

大正普通女性的发型

时代 大正时代

日本女性为了穿洋装而创造的束发，可以展现出稳重和优雅，显示出不同于欧洲的日西融合之美。

束发的流行

明治十六年鹿鸣馆建成，女性开始穿洋装后，遇到了很麻烦的事情。那就是至今为止的日本发型跟洋装完全不搭，且当时在欧洲流行的西洋卷发也不适合日本人。

于是，融合了西式风格的日本原创发型开始流行了，这就是束发。明治十八年，名为“妇人束发会”的团体成立，出版了《洋式妇人束发法》的小册子，让束发在明治女性中流传开来。这种流行在进入大正时代后也没有消失。

束发是指刘海、鬓发、燕尾等保持原样，放弃做髷，把头发扎起来或者编起来放在脑后固定。

束发并不是指一种发型，而是有多种变化，如刘海的做法、扎起来的头发的处理等。因此根据扎法，既可以展现成熟的已婚妇女风，也可以表现出艳丽的女演员风。

束发比日本发型做起来简单，而且不仅适合洋装，也适合和服，是当时最流行最酷的发型。因此，当时的女性也给这种发型取了很酷的名字，如“英吉利末结”“玛格丽特结”等。

现在留存的发型里，团子头和晚会盘发等也可以说是束发的一种。

当时还是有很多女性穿和服，因此像桃割这种比较容易做，适合未婚女性的发型，一直使用到昭和初期。

男性的发型和现代保守的发型没什么区别。公司职员和军队的干部留三七分发型，下级军人留平头，学生留平头或蓬着头发。

① 英吉利末结：明治十六年前后诞生的一种束发。将后脑勺的头发编成三股辫，然后卷起来用发夹固定。这是年轻女性会做的发型。

② 玛格丽特结：明治十六年前后诞生的一种束发。将后脑勺已编成的三股辫发梢翻折后，再用丝带绑起来。这是16~17岁的女孩子会做的发型。

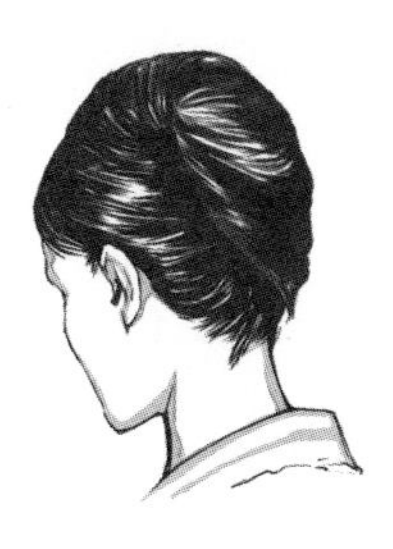

③晚会盘发：明治二十八年前后开始流行的发型，是将束发做成日本风格的发型，迎合了排斥西洋的风潮。

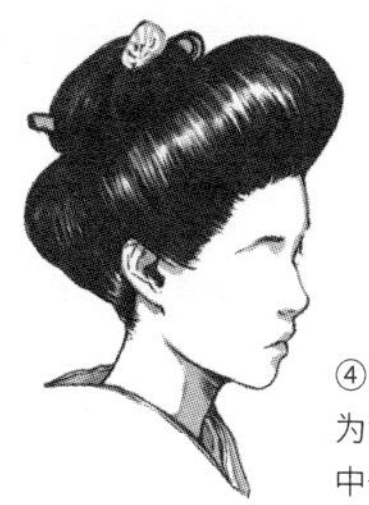

④二百三高地髷：虽然被命名为髷，但这也是日式束发的其中一种。因在日俄战争时期流行，由此得名。特点是刘海竖得很高，像房檐一样伸展开来。

⑤桃割：这是明治末期到昭和初期，未满20岁的年轻姑娘做的发型，被称为"鬓出"，需要将左右的鬓发往前突出。这个时期，发饰使用了赛璐珞饰品。

⑥行方不明：第一次世界大战的爆发，让更多的女性出去工作，因此诞生了新的束发风格。这个行方不明是因为头发的发梢被塞在里面，不知道在哪里所以得名。

⑦耳隐：这是大正八年前后开始流行的一种束发，因为遮住耳朵，所以有这个名字。

⑧耳隐：大正十年前后，用卷发棒做波浪形发型的技术得到普及。虽然同样是遮住耳朵的发型，但这能做出带有华丽波浪形的卷发。

穿着水手服的女学生和穿着袴的女学生

据说女袴是明治初期的职业女性为了方便活动而开始流行的。

在大正时期作为女学生制服而闻名的女袴，在明治中期被各地的女校所采用。其中最有名的是华族女校的海老茶式部（红褐色的袴）和迹见女学校的紫卫门（紫色的袴），女袴也源于这两所学校。

现在女学生穿的水手服源于大正十年（1921 年）福冈女校选用的制服。大正八年（1919 年）山胁高等女学院率先采用了洋装制服，大正九年（1920 年）平安女学院将连体水手服作为制服，但这两种都不同于现代的分体水手服。

在那个和服众多，普遍穿袴的年代，洋装制服显得格外时尚，流行开来后，被好几所女校采用。

后来，袴随着水手服的普及而减少。大正十二年（1923 年），受关东大地震的影响，行动不便的和服逐渐过时。到了昭和初期，普通家庭也开始穿洋装。与此同时，穿袴的人逐渐减少，洋装制服变得更为普遍。

因此，只有在大正后期至昭和初期这段时间，才有可能同时看到穿袴的女学生和穿水手服的女学生。

图 144 水手服

■作者、插画家介绍

山北笃（作者）
从软件工程师转变为游戏作家，根据制作游戏所需的各种知识，创作了众多著作。主要著作包括《衣装事典》《恶魔事典》《计算机游戏数学》《概说忍者、忍术》《漫画 / 插图用西方魔术事典》等。

池田正辉（插画家）
希望本书能帮助激发你们创作的灵感。

著作权合同登记号：图字 01-2023-6184

图书在版编目（CIP）数据

衣装事典 / (日) 山北笃著 ; (日) 池田正辉绘 ;
青青译. -- 北京 : 台海出版社, 2024.1
ISBN 978-7-5168-3769-6

Ⅰ. ①衣… Ⅱ. ①山… ②池… ③青… Ⅲ. ①服装－
历史－日本 Ⅳ. ①TS941-093.13

中国国家版本馆CIP数据核字(2024)第023832号

衣装事典

著　　者：［日］山北笃　　　　绘　　者：［日］池田正辉
译　　者：青　青

出 版 人：蔡　旭　　　　封面设计：曾六六
责任编辑：员晓博

出版发行：台海出版社
地　　址：北京市东城区景山东街 20 号　邮政编码：100009
电　　话：010-64041652（发行，邮购）
传　　真：010-84045799（总编室）
网　　址：www.taimeng.org.cn/thcbs/default.htm
E － mail：thcbs@126.com

经　　销：全国各地新华书店
印　　刷：小森印刷（北京）有限公司
本书如有破损、缺页、装订错误，请与本社联系调换

开　　本：880毫米 ×1230毫米　　1/32
字　　数：110千字　　　　印　　张：7.5
版　　次：2024 年 1 月第 1 版　　印　　次：2024 年 2 月第 1 次印刷
书　　号：ISBN 978-7-5168-3769-6

定　　价：99.00 元

请将您阅读本书的感想、意见从上面的网站发给我们。我们亦会刊登有关本书的支持信息及联系表格，请配合使用。但是，我们有权拒绝回答与本书内容无直接关系的一般问题、超出本书内容的问题、由客户特有的环境造成的问题、本书已经回答过的问题、没有说明具体内容的问题或我们认为可能损害其他客户或各方利益的问题。根据问题的性质，可能需要几天或更长时间才能得到答复，敬请谅解。